# 减糖瘦身
## 营养餐555款

日本主妇之友社 编

佟 凡 译

中国轻工业出版社

# 前 言 Preface

"享瘦"系列图书旨在为读者介绍当下最流行的减肥资讯，我们从读者那里得到了许多反馈，比如"我瘦了！""变轻了！""家人更健康了！"等。

"享瘦"并不需要勉强自己限制饮食，或者采取其他特殊的方法减肥。只需要在日常饮食中稍加注意，体重就会在不经意间降低。这就是"正确的生活方式"的力量。总之，好吃很重要，为家人做一桌"美味"的饭菜吧。

本书精选出555道食谱，打造出一本可以让读者收藏的食谱书。

学会科学"享瘦"，希望通过这本书，大家能够一生受益，拥有健康的身体。

日本主妇之友社享瘦研究团队

# 目 录 Contents

## Part 1
### 终极减糖料理
## 随时减糖的可保存料理

# Part 2

自由组合
## 快手减糖料理

# Part3

可以大口吃蔬菜

## 美味减糖沙拉

# Part4

暖身、量大

## 减糖汤、炖菜、火锅

# Part5

明显变瘦

## 使用糖分近乎为零的优秀食材做出的减糖料理

# Part7
喝酒也没问题
## 减糖下酒菜

# 糖尿病专家的
# 减糖瘦身
# 成功秘诀

## 如何减重更有效？

**如果想要通过减糖达到瘦身的目的，就要确定目标体重和期限。掌握正确的知识后再行动！**

我之所以会开始采用减糖的方式减重，是因为体检时，我被医生诊断为身材过于肥胖。当时我的饮食不规律，工作压力大，再加上运动不足，我比学生时代重了20kg以上，体重达到了95kg！作为糖尿病专科医生，我要指导患者养成健康的生活习惯，但在那次体检后，我自己也感受到了健康的危机。于是我开始认真地进行减糖瘦身，体重明显下降，一年后我成功减掉了25kg！而且没有反弹，现在依然保持得很好。我成功的秘诀是"确定目标体重和期限"。有了短时间内一定要瘦下来的决心，就会更容易成功。但是一日三餐全部减糖有点儿难度，可以从减掉晚餐的主食开始，逐渐减掉早餐和午餐中的主食。

Before

After

Before
95kg

After
70kg

大村和规

一年减重
25kg！

饮食不规律、压力过大、缺乏运动导致体重飙升到95kg，脸上的肉特别多。

**大村和规**

日本糖尿病学会专科医生，日本内科学会指定内科医生。2008年于北里大学医学院毕业后，进入北里大学内分泌代谢科学教室。在相关机构进修后，进入海老名综合医院糖尿病中心工作并取得糖尿病专科医生资格。2016年起任职于医疗法人陆地和会大村诊所。通过减糖瘦身，成功减掉25kg体重，在充分理解减糖危险性的基础上进行减糖瘦身的科普工作。

大村诊所

## 如何运动?

**体重下降后会越来越开心!**
**可以加入长跑和增肌运动。**

随着体重逐渐减轻,我的心情越来越愉快。为了更有效地减重,我会骑自行车上下班,也会去健身房运动。通过这些运动,我逐渐练出了肌肉,并一直保持理想的体形。

减糖瘦身容易减掉肌肉,所以我会注意补充蛋白质。研究表明,无氧运动比起长跑等有氧运动更能有效增肌减重。有条件的话,每周进行5次有氧运动和2次无氧运动最为理想。话虽如此,如果太过勉强,就难以坚持下去,所以最重要的是选择最适合自己的运动并且坚持。

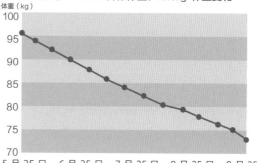

身高:179cm 目标体重:70.5kg 体重变化

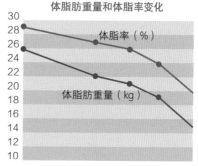

体脂肪重量和体脂率变化

## 如何吃饭?

**早晨吃鸡蛋和蔬菜,中午吃减糖便当,晚上以沙拉为主。**
**每一餐都加入汤来增加饱腹感。**

"只要去掉糖分,吃什么都可以!"只吃肉是不正确的,应以肉、鱼、蛋、豆腐等蛋白质含量高的食物为主,均衡搭配蔬菜和海藻等,减糖瘦身时不能忽略维生素和矿物质的摄取。另外,要选择腿肉、里脊、鸡胸肉等脂肪含量低的肉类,海鲜则要选择青花鱼等青背鱼,以便摄取优质油脂。为了奖励自己,偶尔可以享用一下牛排。另外,减糖瘦身容易造成便秘,因此每天最少要补充2L水分。此外,每顿饭都加一道汤可以增加饱腹感。如果有焖烧杯,建议午餐自带汤。

早

炒鸡蛋
煎培根
圆白菜丝
裙带菜汤

午

魔芋意面
煮鸡蛋
西蓝花
鸡肉蔬菜玉米汤

晚

煮鸡蛋鸡肉沙拉
裙带菜味噌汤

一日食谱

牛排搭配沙拉
也不错

从这里开始!

# 减糖法为何能瘦身?

摄取过量糖类, 身体会发胖。
限制糖类即可瘦身的原理是什么?
让我们了解正确的知识, 掌握减糖的秘诀。

## 一切都是糖类在作怪!

**为什么会胖?**
**为什么会瘦?**

糖类在人体内会转化为葡萄糖, 导致血糖值急速上升。接下来胰脏会分泌胰岛素, 将葡萄糖输送到肝脏和肌肉中。当糖类过剩时, 多余的葡萄糖会留在血液中, 变成脂肪储存起来, 这就是肥胖的原因。如果采取减糖饮食, 血液中的葡萄糖含量减少, 血糖值不会剧增, 胰脏几乎不会分泌造成肥胖的胰岛素, 而是选择分解体内的脂肪为身体提供能量。随着体内的脂肪逐渐被消耗, 就会逐渐瘦下来。

从"储存"脂肪变成"燃烧"脂肪!

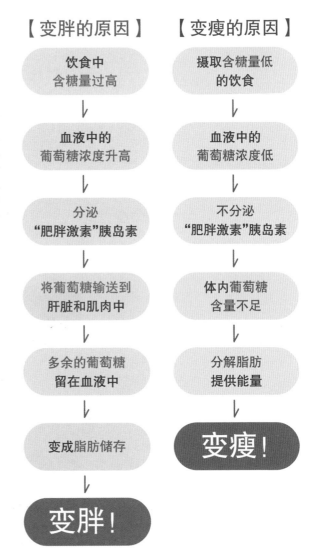

【变胖的原因】

饮食中
含糖量过高
↓
血液中的
葡萄糖浓度升高
↓
分泌
"肥胖激素"胰岛素
↓
将葡萄糖输送到
肝脏和肌肉中
↓
多余的葡萄糖
留在血液中
↓
变成脂肪储存
↓
变胖!

【变瘦的原因】

摄取含糖量低
的饮食
↓
血液中的
葡萄糖浓度低
↓
不分泌
"肥胖激素"胰岛素
↓
体内葡萄糖
含量不足
↓
分解脂肪
提供能量
↓
变瘦!

掌握正确的知识!

# "糖类"究竟是什么?

提到"糖类",人们很容易联想到甜食,
其实我们平时摄入最多的糖类来源于米饭和面包等"主食"。
下面让我们了解一下糖类的概念吧。

## 糖类不只是甜食?

**糖类是碳水化合物**

**去掉膳食纤维后剩下的部分**

听到"糖类",也许大家首先会想到蛋糕、甜点、果汁等制作时使用了白砂糖、面粉的食物。实际上我们每天吃的米饭、面包、面食等主食以及根菜、薯类等食物中同样含有大量糖类。这些食物的主要成分是"碳水化合物",从"碳水化合物"中去掉"膳食纤维"后剩下的就是"糖类"。如果膳食纤维的含量很低,可以认为碳水化合物等于糖类。

> 营养成分表
> 看这里!

营养成分表
(每100g中的含量)

能量: 65kcal
蛋白质: 3.9g
脂肪: 3.1g
碳水化合物: 5.4g
钠: 47mg
钙: 120mg

食品的营养成分表中不会显示"糖类",可以查看"碳水化合物"一栏。碳水化合物基本相当于含糖量。

## 糖类的作用是什么?

**糖类这种营养素**

**只能作为能量使用**

身体需要的"三大重要营养素"分别是糖类、脂肪和蛋白质。其中,脂肪和蛋白质是身体的组成部分,而糖类在摄取后会立刻转化为葡萄糖,作为能量的来源,而无法成为身体的组成部分。我们平时不经意间摄取的糖类只能作为能量来使用,所以过剩的糖类就会转化为脂肪储存起来。

## 全家人能享用同样的食物吗?

减糖食谱能同时满足所有人的需要

根据不同需求为一家人制作多种料理很难实现,但是减糖瘦身的方法可以让全家人尽情享用同样的美食,想减重的人只需要控制主食的量就可以了。这本书中的菜谱尽量降低菜品的含糖量,但味道和分量能充分满足一家人的需要,全家人都能愉快享用。

---

### 摄取后在体内发挥作用的三大营养素

01
蛋白质

02
脂肪

03
糖类

肌肉、内脏、头发、指甲等的组成成分　　多余部分只能转化为脂肪

什么样的食材能用? 什么样的不能用?

# 充分了解食材的含糖量

进行减糖瘦身时，首先要了解食材的含糖量。
只要知道了什么样的食材含糖量少，就算吃再多也不用担心发胖。

## 推荐

- 所有肉类（牛肉、猪肉、鸡肉、羊肉等）
- 肉类加工品（火腿、培根、香肠等）
- 所有海鲜
- 豆类、豆制品（豆腐、豆腐皮、油豆腐、豆奶、纳豆）
  ※豆奶要选择无添加产品
- 鸡蛋
- 黄油、优质油（橄榄油、香油、亚麻籽油等）
- 薯类和根菜之外的蔬菜
- 海藻
- 菌类
- 芝士
- 果实类（坚果、芝麻、松子）
- 魔芋、魔芋丝
- 饮料（咖啡、红茶、烧酒、威士忌、伏特加、金酒、朗姆酒等）

## 不推荐

- 米饭、面食、意大利面、面包、麦片
- 点心和所有甜食
- 面粉、含面粉的加工产品（咖喱、饺子皮等）
- 果干
- 市售蔬菜汁、果汁
- 加入人工甜味剂的饮料

---

### 蔬菜、水果

蔬菜中含有丰富的维生素和矿物质，但并非全都推荐食用。土豆、红薯、南瓜、莲藕、牛蒡、胡萝卜等根菜和薯类，玉米、番茄等含糖量高的蔬菜要控制摄入量。水果中，牛油果和柠檬以外的水果果糖含量较高，注意不能吃太多。

### 酒精

减糖瘦身的好处在于可以喝酒。不过含糖量高的啤酒、日本酒和绍兴酒等酿造酒，用甜果汁勾兑的果酒和鸡尾酒不建议饮用。烧酒和威士忌等蒸馏酒不含糖，可以喝。推荐选择加入乌龙茶的掺茶酒、加苏打水的威士忌等。也可以适量饮用辣口葡萄酒。

### 调味料

烤肉酱和炸猪排酱、番茄沙司、沙拉酱、咖喱、蘸面汁、橙醋中含有大量糖，禁止使用。基本上盐、胡椒等简单的调味料都可以放心使用。因为热量高而不太被大家用到的蛋黄酱也是低糖调味料。选择调味料时很容易掉进陷阱，要格外注意。

## 养成减糖的饮食习惯!

# 减糖菜单和减糖瘦身的四项原则

接下来，让我们结合实例看看该如何组合食材吧。
也许会颠覆大家此前对"健康"的定义！
请参考大村医生的减糖瘦身四项原则，轻松健康地减重。

## 哪种更容易瘦？增重套餐vs减重套餐

### 青花鱼荞麦面套餐

共计
**102.4g**
634 kcal

增重!

看似健康，
实则危险！

这份日式健康套餐看上去适合减重，其实含糖量竟高达102.4g！这份套餐会让人摄取过多糖类，导致肥胖。

### 猪排套餐

共计
**10.2g**
756 kcal

减重!

大口吃肉
也能瘦！

以蛋白质为主，分量十足、味道浓郁的西式套餐，肉类和虾的含糖量都是零，就连被认为是减肥大敌的蛋黄酱含糖量也很低！

### 番茄炖鸡肉便当

共计
**10.6g**
765 kcal

减重!

最适合作为午餐的自制减糖便当。事先做好，早上放进便当里即可，汤里加入大量配菜，补充米饭的缺失。

### 韩式小菜

共计
**12.7g**
552 kcal

减重!

无糖啤酒、无糖烧酒、威士忌可以在晚上小酌一杯。因为不能吃米饭，搭配酒享用晚餐就成了能够成功瘦身的秘诀！

---

只要遵守
这些就够了！

## 减糖瘦身的
### 四项原则

过度减重是体重反弹的根源，按照大村医生推荐的四项原则进行减糖瘦身，就能拥有接近理想的易瘦身材。

**❶ 无须减少热量摄入**

大幅降低糖类的摄入必然会导致热量降低，要注意无须刻意减少热量摄入。

**❷ 保证一日三餐**

不能因为要减重就少吃一顿饭，这会导致零食量的增加。一定要保证规律的一日三餐。

**❸ 摄入绿叶菜、青背鱼和红肉鱼**

蔬菜主要选择含糖量低的绿叶菜，肉主要选择脂肪少的瘦肉，鱼可以选择含有 ω-3 脂肪酸的青背鱼。

**❹ 摄入优质油脂**

避免饱和脂肪酸，选择亚麻酸、DHA、EPA、亚油酸等不饱和脂肪酸更容易瘦下来。

# 管理营养师 麻生玲美 女士
# 30岁后 "人生的改变"

## 每天都吃得饱饱的。
## 成功减重20kg！

**顺利**减掉20kg
**成功保持**不反弹!

37岁那年，我用一年时间减掉了20kg。当时日本流行冷涮肉，我从早上开始，一日三餐都在吃冷涮肉沙拉。肉、鱼和蔬菜搭配，只需要这一道菜就够了，完全不用吃米饭、面包等碳水化合物。这样的生活持续了几个月后，我很明显地瘦了下来，一年就减重20kg！虽然瘦得很快，但是我的气色和身体都很好，身体更轻盈，皮肤也更有光泽了。当时流行的减肥方法是"去油"和"控制热量"，与我的做法正好相反。当然，我那时并没有"减糖"的概念。我的人生从减糖瘦身后发生了巨大的改变。很多年后，我才知道我的方法是减糖。现在，我依然保持着减糖的生活习惯，所以这十几年来依然能保持理想的体重和体形。

Before
**65**kg

因为压力而变胖的时期。手里拿着白葡萄酒，想着"咖喱饭就是要配酒"。

After
**45**kg

麻生玲美女士 55岁

麻生玲美

管理营养师，减糖料理研究者。曾担任出版社编辑、作家，之后毕业于服部营养专科学校营养师专业。现担任企业特定保健指导师，监修医院临床营养疗法。指导过约6000名需要减重的人士。通过自己的减重经历总结出的"不节食的健康减重"理论大受欢迎。曾出版《可保存的享瘦减糖手册》，书中记录了她一年减重20kg的方法和大量食谱。

# 一定能瘦的饮食法

一开始有些辛苦，只要坚持就好

为了真正能瘦下来，我将为大家介绍我的减糖饮食法。
重点是了解控糖期间需要摄入的糖类和蛋白质总量，
以及有意识地保持营养均衡。

**首先坚持**

"减糖"**两周**

> 目标是
> 每顿饭摄取
> 不超过20g糖

只需要在最初两周严格控糖，通过限制糖类摄入，让此前燃烧糖类提供能量的身体切换到燃烧脂肪提供能量的方式上，打造出易瘦体质。可以参考Part1中的可保存料理，效果会更好。

**采取**

"**高蛋白、高脂肪**"**的饮食方式，**

**摄入足量食物**

这种减肥方法只需要控糖，所以很简单。重要的是，减少的糖类要用高蛋白和高脂肪的食物代替，保证体内的能量供给和蛋白质含量。减重时，你可能会因为想瘦得更多而同时减少能量摄入，但是过度减重只会弄坏身体，反而无法形成易瘦体质。要摄入足量"高蛋白、高脂肪"食物。

**蛋白质和蔬菜组成**

"**赏心悦目的一盘餐**"，

**制作营养均衡的食物**

请大家记住这个一定能瘦下来的饮食法。准备一个直径26cm左右的餐盘，放上半盘肉等高蛋白食物和半盘蔬菜、海藻、菌类等食物。"蛋白质"和"绿叶菜、菌类、海藻类"对半组合的饮食是最理想的搭配。蔬菜上可以淋健康的亚麻籽油等。一盘即是一顿饭的量。

**减糖便当**

**能有效减重**

就算我们下定决心开始减重，每天都制作减肥餐依然很麻烦。只要事先做好可保存的减糖料理，储存在冰箱中，之后只需要随意组合，就能够轻松坚持下去。另外，在外面吃午餐容易导致减重计划失败，可以挑选事先做好的减糖料理当作便当，晚上还可以搭配无糖酒和减糖小菜。

# 管理营养师 高杉保美女士

## 结合自身体质和基因，成功减重15kg

**不需要运动！不需要克制！**
**尽享美食美酒，**
**这就是减糖瘦身**

独自生活后，我因为每天暴饮暴食体重增加了13kg。被某位男士批评上臂太粗之后，我决定减肥。经历过多次反弹，我最终遇到了"减糖瘦身"，成功从58kg减到了43kg，并且一直保持到现在。减糖和控制热量的减肥方法不同，只要控制米饭、面包、面食、薯类和根菜等含糖量高的食材摄入量，选择肉、鱼、蛋、豆制品和绿叶菜等低糖食材即可。而且还可以喝酒，因此可以毫无压力地坚持下去，这就是减糖瘦身的魅力所在。如果你觉得瘦身是件痛苦的事，那么选择减糖瘦身绝不会错！结合自身体质和生活方式，边享受美食美酒边减重，简直像做梦一样。

Before
58kg

After
43kg

暴饮暴食后增重到58kg，脸和身体都圆鼓鼓的。

减掉了15kg！

高杉保美

管理营养师/
健康美体顾问
高杉保美

在日本业界最大的健身房为2000多人提供过营养指导，结合个人的体质和痛点制定饮食方案。通过调整饮食，帮助大家塑造出抵抗地球引力、不会下垂的身体。擅长提供针对减重大敌——压力的营养指导。自己在取得管理营养师资格后，用半年时间成功减掉15kg。现在主要担任减重和维持脑活性研究会讲师，提供个人营养指导。

体重（kg）

我的体重变化

开始减重！
58kg

反弹！
50kg

极端节食减重

从这里开始采取结合体质和身体机能的减糖瘦身！

一个人生活，
偏食
45kg

和父母同住，
营养均衡

43kg

38kg

保持43kg！

虽然瘦下来了，但是肌肉松弛，身体变差

60
55
50
45
40
35
30

## 高杉保美女士的建议

# 无须过分节制,
# 针对不同体质的减重方法

你属于哪种
体质?

**了解自身体质,选择减重的捷径。**

---

### 糖过剩型(大肚型)

【特点】

- 肚子凸出
- 喜欢碳水化合物,每天要吃两顿以上
- 两天吃一次甜食
- 吃完饭后四小时就会饿

【怎么办?】

- 限制碳水化合物(米、面包、面食、白砂糖、水果)
- 先从蔬菜开始吃
- 控制炖菜等有甜味的料理
- 控制高盐食物

大肚腩

---

### 代谢不良型(存储型)

【特点】

- 没有运动的习惯
- 有时一天要吃两顿以上肉、鱼、蛋
- 每周有三次一天只吃一顿饭
- 有时一天喝水量不足500mL
- 几乎不出汗

【怎么办?】

- 多摄入蛋白质(肉、鱼、蛋、黄豆加工品)
- 先吃蛋白质
- 少量多次补充水分
- 进行少量运动
- 最低限度摄取能量,以基础代谢+300kcal为准

堆积能量

---

### 体脂过剩型(大臀型)

【特点】

- 腿、臀部容易堆积脂肪
- 喜欢吃油炸食品,每周要吃三次以上
- 会选择脂肪含量高的肉类
- 每天吃一次以上点心(甜品、小吃)
- 每天吃两次以上乳制品、坚果,或每次吃很多

【怎么办?】

- 控制每天摄取的能量
- 控制劣质油脂的摄入(油炸食品、调味汁、蛋黄酱)
- 控制动物性脂肪的摄入
- 以鱼、豆制品为主,多摄入蛋白质
- 摄入多酚类物质(乌龙茶、红茶)

大屁股

---

### 维生素、矿物质不足型(营养不良型)

【特点】

- 不饱却依然瘦不下来
- 容易浮肿
- 容易疲惫
- 月经不调
- 每周喝酒超过四次

【怎么办?】

- 均衡摄入牛肉、猪肉、鸡肉、鱼、鸡蛋、豆制品
- 两顿饭之间摄入坚果、乳制品
- 积极摄入海藻类食物
- 服用保健品
- 摄入发酵食品(纳豆、米糠腌菜、味噌)

营养不良

# 美食研究家 牛尾理惠女士 的减重之路

## 通过减糖饮食我瘦了10kg。 再加上一年的认真锻炼， 我练出了优美的背部肌肉！

每天试吃美食，却不运动，等发现时已经很重了。

**增肌和饮食**

**调整情绪，净化心灵**

我是美食研究家，每天都要试吃各种美食。因为不运动，所以当我发觉时，体重已经比20多岁时增加了10kg！于是我在40岁生日那天下定决心认真减肥。主要方法是晚餐减糖，同时开始运动。没想到竟然成功减重10kg！以此为契机，我开始认真考虑健身。以打造更紧致的身体为目标，我开始认真进行增肌训练。每天早晨和锻炼前的晚餐会适当摄入糖类，中午则食用无糖料理，然后补充蛋白粉。坚持调节饮食和增肌训练的结果，就是我的体脂率一度达到14%！现在，我的身体年轻而美丽，大家都看不出我已经46岁了。

After
48 kg

减掉10kg！
体脂率14%！

美食研究家　牛尾理惠

毕业于东京农业大学短期大学，曾在医院担任营养师，从事饮食指导工作。随后任职于食品制作公司，现在是一名独立美食研究家。她做出的营养均衡的快手美食和美味瘦身餐都深受好评。曾出版过多部作品，如《减糖瘦身菜谱》《不需努力就能做到！基本菜品100道》等。

牛尾理惠

46岁

## 牛尾理惠女士的建议
# 打造美丽身体的
# 饮食方法

本书中有众多
牛尾女士独创的
美味减糖食谱！

### ① 摄入适量碳水化合物和较多蛋白质，并且保持运动

在增肌训练前，必须摄入适量糖类。不过饮食的基本原则还是"低糖、高蛋白"。如果想打造出柔韧的肌肉和紧致的身体，就要积极摄取肉、鱼、蛋、豆腐等低糖、高蛋白食材。但也不能摄入过多低糖、高热量的食物。关键在于结合适当的运动，增加热量消耗。

### ② 进行增肌训练时，要适当摄入蛋白粉

训练前后，除了摄取糖类，蛋白质同样重要。通过食物摄取蛋白质难度较高，向大家推荐蛋白粉，有巧克力味和葡萄味两种，可以直接用水冲服，也可以加在减重甜品中。早餐时可以加在原味酸奶中，然后放一些水果和坚果，或放在有大量蔬菜水果的冰沙中。

### ③ 制作鸡肉沙拉和混合沙拉等可保存的食物

鸡胸肉低糖、低脂、低热量，又是摄取蛋白质的理想食材，做好的鸡肉沙拉可保存，做法简单，请一定要尝试自制。放入保鲜袋中既能冷藏也能冷冻，既可以直接食用，也可以拌在沙拉中。可以搭配多种蔬菜、藜麦、坚果等做成混合沙拉，每次做三四餐的量，保存起来。

### ④ 锻炼之前要摄取适量糖类，如黑麦面包等优质食物

虽说锻炼之前可以摄取糖类，但并不是什么都能吃。要想打造出更优美、紧致的身体，要选择粗粮，比如膳食纤维丰富的黑麦面包。有的人可能不喜欢它的酸味，不过它是真正的健康发酵食物。另外，如果要吃米饭，建议选择富含膳食纤维和B族维生素的糙米等，摄入优质糖类。

# 美体界新星

# 泽田大作先生的减重经验

## 了解人体的专家亲证

## 通过减糖瘦身+调整体态

## 轻松减掉20kg!

Before
**98** kg

半年撑破三条西装裤，加上180cm的身高，整个人看起来很巨大。

After
**78** kg

半年减掉
20kg!

泽田大作

**首先要调整体态**
**关键在于**不要勉强自己，长期坚持

我开始瘦身是因为在半年里撑破了三条西装裤，再这样下去就没有我能穿的西装了，于是我下定决心减肥。在四次体重反弹后，我想要放弃。极力压抑食欲会产生压力，直到我发现了减糖瘦身法，只要改变进食顺序就能轻松减少碳水化合物的摄入量，还可以喝一杯啤酒，不用勉强就能长期坚持。另外，我发现体态不佳会导致身体机能停滞，就算控制饮食和运动也难以成功瘦身。于是从那以后，为了矫正驼背，我有意识地保持良好的体态。现在，我每天在工作和生活中都变得更加积极，切身感受到矫正体态与调整心情息息相关。

泽田大作
出生于1979年，毕业于日本大学文理学院心理学专业，曾在大相扑时津风部屋工作。后于东京医疗专科学校进修柔道康复师课程，法政大学研究生（MBA）课程及东京医科齿科大学研究生课程。曾为运动员，经济界、政界和演艺界众多人士治疗，累计服务人数超11万人。被《Tarzan》杂志评选为2010年名家，美体界新星。

## 泽田大作先生的建议
## 什么是能正确减重的
## 生活方式？

调整体态
有利于减重，
同时还能调整心态

### 饮食原则

- ☐ 从蔬菜开始进食
- ☐ 尽量控制摄入碳水化合物
- ☐ 早起一杯水，睡前一杯水
- ☐ 空腹时用奇亚籽泡水饮用
- ☐ 加苏打水的威士忌可以尽情喝，
  最喜欢的啤酒最多喝一杯
- ☐ 喝水后按压穴位，会增加饱腹感
- ☐ 细嚼慢咽

### 一日饮食范例

早餐

浓汤、香蕉、黑咖啡。早晨没有食欲时可以换成其他蔬菜和水果。

午餐

鲕鱼白萝卜、煮豆芽圆白菜、麦饭、味噌汤、草莓。午餐是自制的日式套餐。

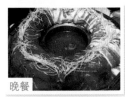

晚餐

外食。肉和蔬菜都很充足的火锅！尽量控制主食，只喝一杯啤酒，尽情享用烧酒。

顺带一提繁忙时

用加入糙米和麦粒的米饭做成饭团。没有时间，就不会去便利店和快餐店买零食了。

### 生活方式

- ☐ 注意不要驼背
- ☐ 走路时增大摆手幅度，用到背部肌肉
- ☐ 坐下后时刻注意绷紧腹部肌肉和背部肌肉

### 推荐！1分钟锻炼

**1** 30秒姿势

单手撑地，抬起另一只手。抬起与撑地手同侧的腿，保持30秒。另一侧动作相同。

**2** 1分钟空气跳绳

连续轻轻跳跃，有放松全身肌肉的效果。可以听着喜欢的音乐进行，以1分钟为基准。

**3** 1分钟瘦上半身姿势

双臂张开撑地，与肩同宽。腿和手臂张开同样的幅度撑地，保持1分钟。有放松肩膀、促进血液循环的功效。

**4** 坐式仰卧起坐

轻轻弯曲膝盖坐下，手撑膝盖，拉直背部肌肉。重点是膝盖弯曲呈90°。开始时先做30秒，逐渐增加到1分钟。

## 本书使用方法

- 食材取方便制作的量，通常为2人份或4人份。
- 1小勺约为5mL，1大勺约为15mL，1杯约为200mL。
- 做法中的火候如没有特别标注，均为中火。
- 微波炉加热时间如没有特别标注，以600W的机型为标准。如使用500W的机型，时间约增加为1.2倍。另外，不同品牌的机器会存在些许差异，请根据实际情况调整。
- 平底锅使用含氟树脂加工的产品。
- 高汤使用以海带和鱼干为主材的日式高汤（市售产品即可）。汤料为使用颗粒和固体浓汤宝（标注清汤、牛肉高汤等的市售产品）做出的西式、中式高汤。
- 蔬菜类如没有特别标注，省略清洗、去皮等工序。
- 糖类含量0.5g以下的食物统称"无糖"。
- 不同品牌的"无糖面"含糖量有些许区别，请以包装上的成分表为准。
- 以减重为目的减糖时，每一餐的糖摄入量控制在20g以下效果更好。将本书中的多个菜品组合时，请注意选择含糖量加起来在20g左右的菜品，效果更好。
- 可保存菜谱都标注了保存时间。气候和冰箱类型、开合次数不同，保存状态会有所不同。书中的数字只是参考，请尽快食用。
- 本书中使用的"罗汉果糖"对血糖值没有影响，所以"有效糖分"为"0"。书中表示的含糖量数字是在罗汉果糖的含糖量为"0"的基础上计算得出的。
- 烤箱使用电烤箱，不同品牌加热程度不同。菜谱中的时间仅为参考，请根据实际情况调整。

## Part 1

### 终极减糖料理
# 随时减糖的可保存料理

减糖很难坚持，最主要的原因是"不方便做饭时，只能在外面吃或者买些零食。"如果是可保存的料理，就能保证随时吃到减糖料理。既能做成便当，也能当零食！

# 吃再多，
# 含糖量依然几乎为零！

介绍含糖量低于0.5g，能够安心吃到饱的超低含糖量料理，从肉、鱼、蛋、魔芋到蔬菜等应有尽有。

1/4份
**0.2 g**
246 kcal

1/4份
**0.2 g**
218 kcal

柠檬香草味                           柚子胡椒味

常规减糖料理，肉质松软不干柴，
两种味道都不会吃腻

保存
冷藏 **5** 天
冷冻 **2** 周

## 减糖重点

分量十足，含糖量几乎为零
鸡肉的含糖量几乎为零，而且
是高蛋白食材，就算大量食用
也没问题。是减糖瘦身期间的
推荐食材，请尽情享用。

# 自制鸡肉沙拉

### 柠檬香草味

材料（易做的量）
鸡胸肉…2片
（每片约300g）
柠檬…4片
盐…1小勺
胡椒…少许
混合干香草…
1小勺

做法
1 肉厚处划开，将每片
鸡胸肉切成两半，撒
盐、胡椒、混合干香
草，放柠檬片，装进保
鲜袋中，挤出多余空气
后封口，在冷藏室中静
置一晚。
2 烧一锅沸水，将保鲜
袋放入锅中，小火煮5分
钟，取出后散热。

### 柚子胡椒味

材料（易做的量）
鸡胸肉…2片
（每片约300g）
A 柚子胡椒…1小勺
  橄榄油…1大勺

做法
1 肉厚处划开，将每片鸡
胸肉切成两半，与搅拌均
匀的材料A一起装进保鲜
袋中，挤出多余空气后封
口。在冷藏室中静置一晚。
2 烧一锅沸水，将保鲜袋
放入锅中，小火煮5分钟，
取出后散热。

用含糖量几乎为零的金枪鱼制作，
口感润滑多汁

# 自制金枪鱼

**材料（易做的量）**
金枪鱼瘦肉…2块
（每块约150g）
蒜（切两半）…
1瓣
盐…1小勺
月桂叶…2片
橄榄油…适量

**做法**
1 金枪鱼均匀撒上盐，放月
桂叶后用保鲜膜包好，放入
保存容器中，冷藏、静置
一晚。
2 去掉月桂叶，将金枪鱼放
入平底锅中，放蒜，倒橄榄
油没过食材。小火加热，油
热后煮15分钟，关火冷却。

**减糖重点**

使用含糖量超低的食材实现减糖
100g金枪鱼含糖量仅为0.1g，
而且含有优质氨基酸、铁、
维生素$B_6$、维生素$B_{12}$等，有
预防贫血的作用。

1/4份

**0.5 g**

248 kcal

虽然无油，口感依然润滑，
用香草增加清爽的味道

# 自制无油金枪鱼

**材料（易做的量）**
金枪鱼瘦肉…2块
（每块约180g）
蒜（切片）…1瓣
迷迭香…2根
月桂叶…2片
香草束（芹菜叶和欧芹
叶）…1把
浓汤宝颗粒
（清汤）…1/2小勺
盐…1小勺
黑胡椒碎…少许

**做法**
1 在金枪鱼上撒盐、黑
胡椒碎，放蒜、迷迭
香、月桂叶后用保鲜膜
包好，冷藏、静置一晚。
2 将金枪鱼、浓汤宝
颗粒和绑好的香草束
放入锅（或平底锅）
中，倒水没过食材。
大火煮沸后调小火煮5
分钟左右，取出散热。

**减糖重点**

无油更健康
不用油烹制的金枪鱼热
量更低，更加健康。

1/4份

**0.3 g**

114 kcal

1/4份
**0.3 g**
212 kcal

自制无添加，身体无负担，
用整块肉成功做出的减糖料理

保存
冷藏 **5** 天
⋯⋯⋯⋯⋯⋯⋯⋯
冷冻 **2** 周
（切开保存）

# 自制里脊肉火腿

**材料（易做的量）**
猪里脊肉⋯500g
蒜（切片）⋯1瓣
月桂叶⋯2片
鼠尾草⋯6片
盐⋯1小勺
黑胡椒碎⋯少许

**做法**
1 用线绑好猪里脊肉（或
用网子装好），撒盐、黑
胡椒碎，放蒜、月桂叶和
鼠尾草后用保鲜膜包好，
在冷藏室中静置一晚。
2 将猪里脊肉放入锅中，
倒水没过食材。大火煮沸
后调小火煮1小时左右，关
火散热。

**减糖重点**
**香草风味简单而特别**
就算使用含糖量低的
食材，有时整道菜的
含糖量也会因为调味
而增加。香草和蒜等
调味料味道浓郁，调
味简单，滋味十足。

---

含糖量低的整块牛肉，
耐心腌制后充分入味

保存
冷藏 **5** 天
⋯⋯⋯⋯⋯⋯⋯⋯
冷冻 **2** 周
（切开保存）

# 自制咸牛肉

**材料（易做的量）**
牛腿肉⋯500g

A｜ 盐⋯2大勺
黑胡椒粒⋯1/2小勺
多香果⋯1/2小勺
月桂叶⋯1片
芹菜叶⋯1根
蒜（切片）⋯1瓣
水⋯1杯

**做法**
1 将材料A搅拌均匀，放
入锅中煮沸后冷却。
2 将牛腿肉放入保鲜袋
中，加入材料A，挤出多
余空气后封口，冷藏、
腌制5天。
3 取出牛腿肉放进锅中，
倒水没过食材，大火煮沸
后调小火煮1小时左右。

**减糖重点**
**尽情享用超低糖的牛肉**
牛肉含糖量低，用含糖
量为零的盐、香料和香
草充分腌制入味，既健
康又能带来满足感。

1/6份
**0.3 g**
175 kcal

用黄豆粉和芝士粉做的面衣
代替含糖量高的面粉

# 芝士炸鸡柳

**材料（易做的量）**
鸡柳…8根（400g）
蒜末…1/2瓣的量
黄豆粉…2大勺
芝士粉…1大勺
盐…1/2小勺
胡椒…少许
色拉油…适量

**做法**

1 鸡柳去筋，纵向切成两半，撒盐、胡椒、蒜末后揉搓。

2 混合黄豆粉和芝士粉，撒在鸡柳上，用170℃的油炸。根据个人口味搭配柠檬。

**减糖重点**

混合黄豆粉和芝士粉做面衣，完成减糖黄豆粉是由生黄豆不加热直接磨成粉做成，适合减糖瘦身期间食用。加入芝士粉能增加黏稠度。

1/4份
**0.5** g
133 kcal

2根
**0.1g**
293 kcal

含糖量低的羊肉用香草调味，
腌制半日入味

# 腌羊排

保存
冷藏
**1**周

材料（易做的量）
羊排…8根
盐…2/3小勺
胡椒…少许
蒜…1瓣
迷迭香…1根
鼠尾草…5片

A 柠檬…3片
　白葡萄酒醋…1大勺
　橄榄油…2大勺

做法
1 羊排撒盐和胡椒。
2 蒜切薄片，迷迭香撕开，
鼠尾草切碎。
3 将羊排放入保鲜袋中，
加步骤2的材料和材料A后
静置半天。
4 用180℃预热的烤箱烤15
分钟左右（也可以用平底
锅煎）。

**减糖重点**
带骨肉能提高满足感
食用带骨头的肉，能
获得比纯肉更多的满
足感。腌制后煎烤能
让肉变得更加多汁。
吃这道菜时能够充分
享受含糖量低的羊肉
的鲜美滋味。

可以加入菌类和
含糖量低的蔬菜

# 蒜香虾仁

**材料（易做的量）**
虾（带壳）…300g
蒜…1瓣
红辣椒…1根
盐…1小勺
橄榄油…约3/4杯
西芹碎…2小勺

**做法**
1 虾去壳、留尾，开背后去
掉虾线。蒜纵向切成两半。
2 将步骤1的材料、红辣
椒、盐放入平底锅中，倒
入橄榄油没过食材。中火
煮5分钟左右，撒西芹碎。

**减糖重点**
使用含糖量几乎为零的虾和大量不含糖
的橄榄油
虾和橄榄油都是减糖期
间能够放心食用的食
材。香气扑鼻的橄榄油
加上盐，就做成了含糖
量低的调味汁。

1/4份

0.4 g

72 kcal

**1/4份**
## 0.1 g
179 kcal

在冰箱中静置一晚，充分入味！
同样适合作零食

**保存**
冷藏 **3~4** 天
冷冻 **2** 周

# 海带卷三文鱼

**材料（易做的量）**
三文鱼或鲷鱼…2块
（每块约150g）
海带…4片
（5cm×20cm）
白葡萄酒…1/4杯
盐…适量

**做法**
1 将白葡萄酒倒入平底锅中，煮沸后关火，放入海带泡软后擦净。
2 在海带上放片成片的三文鱼，撒盐。叠放三层，剩余的海带放在最上层。用保鲜膜包紧，在冰箱中静置一晚。

### 减糖重点

**充分利用生鱼片，享用减糖料理**
三文鱼的含糖量几乎为零，但如果和面粉一起烹饪，含糖量容易增加，而生鱼片则可以搭配含糖量低的调味料食用。

**1/4份**
## 0.4 g
143 kcal

低温充分加热，口感润滑，
香草香味十足

**保存**
冷藏 **1** 周
冷冻 **2** 周

# 油封鲣鱼

**材料（易做的量）**
鲣鱼…400g
蒜…1瓣
迷迭香…2根
月桂叶…1片
盐…1小勺
橄榄油…适量

**做法**
1 鲣鱼切成1.5cm厚的片，撒盐后在冰箱中静置一晚。
2 放入平底锅中，加入纵向切成两半的蒜、迷迭香和月桂叶，倒入橄榄油没过食材。煮沸后小火炖15分钟左右。

减糖重点

用蔬菜代替面包、咸饼干涂在芹菜、甜椒等蔬菜上食用，达到减糖的目的。如果想吃面包，最好选择减糖面包。

1大勺
**0.1**g
43 kcal

1大勺
**0.1**g
40 kcal

芥末是重点，
浓郁的黄油同样美味

# 三文鱼熟肉酱

保存
冷藏
**3~4** 天
冷冻 **2** 周
（分成小份）

材料（易做的量）
三文鱼…200g
黄油…30g
蒜…1瓣
芹菜叶…1根
月桂叶…1片
白葡萄酒…1/2杯
A｜柠檬汁、
　芥末…各1小勺
　盐…1/4小勺
　胡椒…少许

做法
1 蒜纵向切成两半。
2 平底锅中倒水，深度与三文鱼的厚度相同，加入白葡萄酒、蒜、芹菜叶、月桂叶后煮沸，加入三文鱼后煮10分钟左右。
3 取出三文鱼，去皮、去骨，在碗中用叉子捣碎（或使用搅拌机）。
4 趁热加入黄油搅拌均匀，加材料A搅拌。

和奶油芝士的酸味与
浓稠度十分契合

# 青花鱼酱

保存
冷藏
**3~4** 天
冷冻 **2** 周
（分成小份）

材料（易做的量）
青花鱼…1/2条（250g）
奶油芝士…100g
蒜…1瓣
芹菜叶…1根
月桂叶…1片
白葡萄酒…1/2杯
盐…1/3小勺
胡椒…少许

做法
1 蒜纵向切成两半。
2 平底锅中倒水，深度与青花鱼的厚度相同，加入白葡萄酒、蒜、芹菜叶、月桂叶后煮沸，加入青花鱼后煮10分钟左右。
3 取出青花鱼，去皮、去骨，在碗中用叉子捣碎（或使用搅拌机）。
4 加入奶油芝士、盐、胡椒后搅拌均匀。

1个
## 0.3 g
77 kcal

中式卤鸡蛋

1个
## 0.1 g
18 kcal

咖喱酱油鹌鹑蛋

煮鸡蛋营养丰富,含糖量几乎为零,
调味方式多样,吃不腻

# 调味鸡蛋

冷藏
5 天

保存

**减糖重点**

鸡蛋的含糖量几乎为零,营养丰富
鸡蛋高蛋白并且营养均
衡,是减糖期间的优质
食材。调味鸡蛋既能控
糖,还有与普通煮鸡蛋
不同的风味。

### 中式卤鸡蛋

材料(8个)
煮鸡蛋…8个

A 蒜(切片)…1瓣
　姜(切片)…1块
　大葱叶…1根
　八角…1个
　桂皮、红辣椒…各1根
　酱油…2大勺
　蚝油…1大勺
　绍兴酒…1小勺
　鸡架高汤(或水)…1杯

做法
1 将材料A混合后
倒入锅中煮沸,放
入干净的容器中。
2 趁热放入去壳煮
鸡蛋(如果汤汁较
少,可以放在保鲜
袋中腌制)。

### 咖喱酱油鹌鹑蛋

材料(12个)
煮鹌鹑蛋(或煮鸡蛋)
…12个

A 蒜(切片)…1瓣
　姜(切片)…1块
　海带(3cm长)…
　1张
　酱油…2大勺
　醋…1大勺
　咖喱粉…1/2小勺
　水…1/2杯

做法
1 将材料A混合后
倒入锅中煮沸,放
入干净的容器中。
2 趁热放入去壳煮
鹌鹑蛋(如果汤汁
较少,可以放在保
鲜袋中腌制)。

酸味令人上瘾，
鸡蛋和醋能有效缓解疲劳

# 腌鸡蛋

**材料（8个）**
煮鸡蛋…8个

A｜蒜（切片）…1瓣
　｜红辣椒…1根
　｜月桂叶…1片
　｜盐…1小勺
　｜黑胡椒粒…1/2小勺
　｜水、白葡萄酒醋…
　｜各1/2杯

**做法**
1 将材料A混合后倒入锅中煮沸，放入干净的容器中。
2 趁热放入去壳煮鸡蛋（如果汤汁较少，可以放在保鲜袋中腌制）。

**减糖重点**
调味时不使用含糖量高的白砂糖
既然使用了含糖量低的鸡蛋，就不能用白砂糖调味，否则会导致料理的含糖量增加。只要使用风味独特的食材，不用白砂糖也能做出美味的腌鸡蛋。

1个
**0.4 g**
78 kcal

味道浓郁的金枪鱼和蛋黄酱
口感顺滑、有弹性

# 金枪鱼蛋黄酱煎鸡蛋

**材料（易做的量）**
鸡蛋…4个
金枪鱼罐头…
1小罐（70g）

A｜蛋黄酱…1大勺
　｜盐…1撮

色拉油…适量

**做法**
1 将鸡蛋充分打匀后加材料A搅拌。倒掉金枪鱼罐头中的汤汁，加入蛋液中搅拌。
2 煎锅中涂色拉油加热，倒入1/5蛋液，晃动煎锅，将蛋液煎到半熟后卷起。将煎蛋推到一边，倒入剩余蛋液的1/4，晃动煎锅，将蛋液煎到半熟后卷起，重复三次。如果粘锅，可涂少许色拉油。散热后切成8等份。

**减糖重点**
**巧妙使用含糖量低的蛋黄酱**
人们通常认为减重期间不能吃蛋黄酱，其实蛋黄酱的含糖并不高，适当使用能增加菜品的黏稠度，增加饱腹感。

1/4份
**0.2 g**
153 kcal

含糖量低的魔芋丝
富含膳食纤维，能清洁肠胃

# 黄油红藻末炒魔芋丝

**材料（易做的量）**
魔芋丝…1大袋（250g）
蒜末…1/2瓣的量
红藻末…1/2大勺
盐…少许
黄油…15g

**做法**
1 将魔芋丝切成方便食用的长度。
2 黄油在平底锅中加热化开，将蒜末炒出香味后加魔芋丝翻炒。水分蒸发后加红藻末、盐搅拌。

1/4份
**0.3 g**
33 kcal

### 减糖重点
**用黄油炒制味道清淡的魔芋丝**
魔芋丝含糖量低，由于味道清淡，会让人觉得不过瘾。黄油含糖量低，减糖期间也能食用，而且能增加黏稠度，提高饱腹感。

1/4份
**0.4 g**
46 kcal

不用油炒，
同时降低热量

# 鳕鱼子炒魔芋丝

**材料（易做的量）**
魔芋丝…2袋（400g）
鳕鱼子…100g
清酒…4小勺
盐…少许

**做法**
1 魔芋丝煮熟后沥干，切成方便食用的长度。鳕鱼子去皮。
2 加热平底锅，将魔芋丝炒至水分全部蒸发。加入鳕鱼子、清酒后迅速翻炒，加盐。

### 减糖重点
**用含糖量低的鳕鱼子炒魔芋丝**
魔芋丝和鳕鱼子的含糖量都很低，在减糖期间能放心食用。这道菜没有用油，同时降低了热量，是健康食品。

选择含糖量低的蔬菜
韩式凉拌菜的酱料可以在减糖期间用来调味，只要选择含糖量低的蔬菜即可。韩式凉拌菜中常用的胡萝卜含糖量高，减糖期间最好不要使用。

1/4份
**0.1** g
31 kcal

1/4份
**0.3** g
33 kcal

---

香油和蒜的滋味美妙

# 韩式凉拌菠菜

保存
冷藏
**4~5**天

**材料（易做的量）**
菠菜…200g

A｜香油…2小勺
　｜炒白芝麻…1小勺
　｜酱油…1/2小勺
　｜蒜末…1/3小勺
　｜盐…少许
　｜胡椒…少许

**做法**
1 菠菜加少许盐（材料外）后用热水焯1分钟，过冷水。拧干后切掉根部，切成3cm长的小段。
2 放入碗中，加材料A搅拌。

---

充分享用含糖量低的青菜，
口感清脆、美味

# 韩式凉拌油菜

保存
冷藏
**4~5**天

**材料（易做的量）**
油菜…200g

A｜香油…2小勺
　｜炒白芝麻…1小勺
　｜酱油…1/2小勺
　｜蒜末…1/3小勺
　｜盐…少许
　｜胡椒…少许

**做法**
1 油菜纵向分开，加少许盐（材料外）后用热水焯1分钟，沥干。冷却后切成3cm长的小段。
2 放入碗中，加材料A搅拌。

# 主菜·肉

肉类富含蛋白质，每100g的含糖量低于1g，是口感和饱腹感极好的优秀食材。在减糖期间提前做好不可或缺并可以保存的肉菜，对日常饮食大有助益。

在面衣中加入黄豆粉降低含糖量，香味扑鼻的健康料理

**保存** 冷藏 4~5天

## 炸鸡块

### 材料（易做的量）

鸡腿肉…3块
盐…1/4小勺
胡椒…少许

A 酱油…2大勺
蒜末、姜末…
各1/2小勺
豆瓣酱…1/4小勺
鸡蛋…1个

B 黄豆粉…5大勺
面粉…1小勺
发酵粉…1/2小勺

色拉油…适量

### 做法

1 鸡腿肉切成适口大小，撒盐、胡椒，涂材料A，腌制15分钟。
2 沥干后分3次加入混合均匀的材料B，充分搅拌。
3 用160~170℃的油炸制。根据个人口味搭配柠檬。

### 减糖重点

减少面衣中的面粉用量，用黄豆粉代替
黄豆粉是用干燥的黄豆磨成的粉，含糖量约为面粉的1/5,是健康食材。用黄豆粉代替面粉制作面衣，还能增加香味。

1/4份
**2.7 g**
609 kcal

1/6份
**1.2 g**
202 kcal

无须烤箱，
真空烹制，肉质鲜嫩多汁

# 煨牛肉

保存
冷藏
**4~5** 天

冷冻 **2** 周
（切开保存）

**材料（易做的量）**
牛腿肉…500g
盐…1/2小勺
胡椒…少许
蒜末…1瓣的量

A | 红葡萄酒、
　　酱油…各2大勺
　　醋…1小勺

橄榄油…1大勺

**做法**
1 牛腿肉上撒盐、胡椒、蒜末。
2 平底锅中倒入橄榄油加热，放入牛腿肉，双面各煎1分30秒，取出后放入保鲜袋。
3 平底锅中倒入材料A，煮沸后倒入保鲜袋中，挤出多余空气后封口。
4 锅中加入足量水，煮沸后关火，将保鲜袋放入锅中，静置45分钟。食用时将牛肉切成小块，根据个人口味搭配水芹等。

**制作重点**
装在保鲜袋中隔水加热，肉质更加柔软

将食材放入保鲜袋中，保持真空状态烹饪。这种方法不仅能防止营养流失，还能充分锁住水分和鲜味，让牛肉更加多汁。

保存时，可以放在保鲜袋中，再装入容器。

炒过的牛肉和生鲜蔬菜
一起腌制完成

保存
冷藏 **1** 周

# 腌牛肉

**材料**（易做的量）
牛肉片…300g
洋葱…1/2个
甜椒（红、黄）…
各1/2个
盐…1小勺
胡椒…少许
A | 醋、酱油…各3大勺
　 蒜末…1/2瓣的量
橄榄油…1大勺

**做法**
1 牛肉片中加入1/2小勺盐和胡椒。
2 洋葱、甜椒切片，加入1/2小勺盐后轻轻揉搓，挤出水分。
3 平底锅中倒入橄榄油加热，将牛肉片炒熟后放入保存容器中，加材料A和步骤2的材料，搅拌均匀。

**减糖重点**

**以含糖量低的牛肉为主材**
大量使用低糖食材牛肉以达到减糖的目的。牛肉中的动物性铁比植物性铁更易被吸收，所以这道菜能有效预防贫血。

可以更换料理中的蔬菜，推荐芹菜、芦笋。

散发着柠檬和百里香的
柔和香味

保存
冷藏 **3~4** 日
冷冻 **3** 周

# 柠檬油腌鸡肉

**材料**（易做的量）
鸡腿肉…2大块
盐…1/2小勺
胡椒…少许
柠檬…2片
A | 柠檬汁…1/2大勺
　 橄榄油…2大勺
　 蜂蜜…1小勺
　 盐…1/5小勺
　 百里香、胡椒…
　 各少许
橄榄油…1小勺

**做法**
1 鸡腿肉上撒盐、胡椒，平底锅中倒入橄榄油，加热后皮朝下放入鸡腿肉，中火煎三四分钟后调小火，煎四五分钟，翻面后再煎四五分钟。散热后切成适口大小。
2 柠檬切成扇形。如需冷冻保存，则柠檬需要去皮。
3 在碗中混合材料A，加入步骤1和步骤2的材料后搅拌、腌制。

**减糖重点**

橄榄油尽管热量高，但是不含糖，可以使用
橄榄油热量高但不含糖，推荐在减糖期间使用。橄榄油能清洁血管，有降血脂的作用。

1/4份
**5.5** g
196 kcal

1/4份
**2.0** g
359 kcal

口感柔软爽滑的秘诀是
加入蔬果

# 烤里脊

保存
冷藏 3 周
冷冻 2 周
（切开保存）

**材料（易做的量）**
猪肩里脊肉…500g
盐…1小勺
胡椒…少许

A | 苹果、洋葱末…
    各1/4个的量
    蒜末…1瓣的量
    酱油…1小勺

迷迭香…2根
月桂叶…1片

充分散热后放
入保存容器中
冷藏保存。食
用时切下需要
的部分，用微
波炉加热。

**做法**
1 将猪肩里脊肉切几
个小口，撒盐、胡
椒，放入材料A、迷
迭香、月桂叶后用
保鲜膜包好，在冷
藏室中静置半天。
2 提前30分钟从冷
藏室中取出，恢复
至室温，用200℃
预热的烤箱烤30分
钟。食用时切开，
根据个人口味搭配
绿叶菜。

**减糖重点**

加入蔬果，让肉质更加柔软
苹果在水果中属于含糖量较低的食材。利用蛋白质分解酶的作用，能让肉质更加柔软多汁。

1/6份
**2.2 g**
221 kcal

---

红茶和香料散发出芳香，
清爽的炖肉

# 红茶炖肉

保存
冷藏 4~5 天
冷冻 2 周
（切开保存）

**材料（易做的量）**
猪肩里脊肉…500g
蒜…1瓣
姜…1块
大葱叶…1根
红辣椒…1根

A | 八角…1个
    桂皮…1根
    酱油、蚝油…
    各2大勺
    红茶茶包…2个

冷藏保存时
用风筝线绑
好，淋汤汁
后放入保存
容器中。

**做法**
1 用风筝线绑好猪肩里脊
肉，放入锅中，加蒜、
姜、大葱叶、红辣椒，倒
入足量水，煮沸后中火炖
煮30分钟，捞出浮沫。
2 加水没过食材，加材
料A，煮30分钟左右，至
水分剩一半左右。食用
时切开，根据个人口味
搭配葱丝。

1/6份
**1.9 g**
222 kcal

**制作重点**

**用茶包炖煮，味道清爽**
红茶中含有的丹宁能让
肉质更加柔软，有去腥
效果。炖好的肉隐隐散
发出红茶香，口感清爽。

泡菜中的辣椒既能暖身
又能加快代谢速度

# 泡菜炒肉

**材料（易做的量）**
猪肉片…250g
泡菜…100g
豆芽…1/2袋
洋葱…1/2个
韭菜…50g
盐…1/2小勺
胡椒…少许
酱油…1小勺
香油…1大勺

**做法**
1 豆芽去根，洋葱切片，
韭菜切段。
2 平底锅中倒入香油，将猪
肉片翻炒变色后依次加入洋
葱、豆芽、韭菜、泡菜，
用盐、胡椒、酱油调味。

1/4份
**3.7 g**
239 kcal

### 减糖重点

**味道浓郁，提升满足感**
使用含糖量低的猪肉做出
的一道料理。泡菜味道浓
郁，吃起来令人愉快。同
样适合作为下酒菜。

### 减糖重点

**用番茄酱代替番茄沙司**
番茄沙司中加入了多种调味
料，含糖量较多。而番茄酱
是煮好的番茄浓缩而成，既
能降低含糖量，又能让味道
更加醇厚。

既能配米饭又能配面包，
用香料调味的煮豆子

# 辣豆酱

**材料（易做的量）**
牛肉馅…200g
芸豆（水煮）…200g
洋葱…1/4个
芹菜…1/2根
菜花…100g
杏鲍菇…50g
蒜末…1瓣的量
A 水、番茄酱…
　各1/2杯
　辣椒粉…1/4小勺
　牛至粉…1/2小勺
盐…2/3小勺
胡椒…少许
橄榄油…1大勺

**做法**
1 将洋葱、芹菜、菜花、杏
鲍菇切成1.5cm见方的小丁。
2 锅里倒入橄榄油，加入
蒜末炒出香味，依次放入
牛肉馅、步骤1的材料、沥
干水分的芸豆翻炒。
3 加入材料A后盖上锅盖，
小火煮5～10分钟，加盐、
胡椒调味。

1/4份
**10.3 g**
264 kcal

孜然的香味突出
羊肉的鲜味

# 孜然炒羊肉

**材料**（易做的量）
羊肉片…300g
盐…1/2小勺
胡椒…少许
洋葱…1个
孜然…1小勺
绍兴酒…2大勺
酱油…2大勺
香菜…30g
色拉油…1大勺

**做法**
1 羊肉片撒盐和胡椒，洋葱切成1cm厚的片。
2 平底锅中倒入色拉油，加入孜然，将羊肉片翻炒变色后加入洋葱翻炒。加绍兴酒、酱油、香菜迅速翻炒。

喜欢吃羊肉的人会停不了口。

**减糖重点**

用孜然调味，让羊肉更鲜美
东南亚和中东地区的料理中经常使用孜然，它是制作咖喱的重要香料。非常适合搭配含糖量低的羊肉使用。

1/4份
**4.3 g**
225 kcal

---

酱料鲜美，
味道富有层次

# 牛高汤炖汉堡肉

**材料**（4个）
混合肉馅…400g
口蘑…1包
西蓝花…1个
A｜洋葱末…1/2个的量
　｜蛋液…1/2个的量
　｜盐…1/2小勺
　｜胡椒…少许
B｜红葡萄酒、水…各1/4杯
　｜番茄酱…1杯
　｜蒜…1瓣
　｜月桂叶…1片
　｜浓汤宝颗粒（清汤）…
　｜1/2小勺
盐…1/2小勺
胡椒…少许
黄油…10g
色拉油…1大勺

**做法**
1 将混合肉馅充分搅拌至有黏性，加入材料A后继续搅拌均匀，分成4等份，团成圆饼。
2 口蘑切成两半，西蓝花分成小朵。
3 平底锅中倒入色拉油加热，放入肉饼，两面煎至焦黄后加入材料B和口蘑，中火炖煮20分钟左右后加西蓝花炖煮5分钟，加盐、胡椒，最后加入黄油化开。

1/4份
**7.7 g**
357 kcal

**减糖重点**

不使用面包粉，享受肉本身的美味
不加面包粉能减少汉堡肉的含糖量，享受肉本身的味道和口感，而且更有嚼劲。

# 改良后的
# 可保存料理

改重期间饮食容易千篇一律，
推荐大家进行改良，
增加料理种类后每天都不会吃腻，
减糖瘦身也更容易长期坚持下去。

1/4份
**0.1g**
194 kcal

（可食用部分）

保存
冷藏
**4~5**天

肉质嫩滑不干柴，
掌握让鸡胸肉更美味的窍门

# 蒸鸡肉

材料（易做的量）
鸡胸肉…2块（每块约
300g）
盐…1小勺
大葱绿…1根
姜…1块
A│白葡萄酒、水…
│ 各1/4杯

做法
1 鸡胸肉上撒盐。
2 平底锅中放入鸡胸肉、
大葱绿、姜，倒入材料
A，盖上盖子煮沸后中火
焖10分钟左右。
3 关火，冷却后将食材连同
汤汁一起倒入保存容器中。

### 减糖重点

**口感嫩滑，低糖而美味**
加热后不要倒掉汤汁，冷却
后能保持肉质嫩滑。掌握非
常简单的窍门就能做出美味
的料理。含糖量为零的鸡胸
肉非常美味，能够促进大家
坚持减重。

## 改良1

加入五彩缤纷的蔬菜，营养均衡

# 亚洲风味蒸鸡肉沙拉

**材料（2人份）与做法**
1 将1根黄瓜切条，1/2个红洋葱和1/2个红甜椒切片，10g香菜切碎，搭配1/2块蒸鸡肉。
2 加入1大勺鱼露、2小勺柠檬汁、1/2小勺蒜末、1/2小勺姜末、2小勺鸡汤搅拌均匀。

1人份
**5.8 g**
178 kcal

## 改良2

添加富含维生素E的牛油果

# 芥末酱油
# 拌牛油果鸡肉

**材料（2人份）与做法**
1/2个牛油果和1/2块蒸鸡肉切块，用1/2小勺酱油和1/4小勺芥末拌匀后装盘，撒适量海苔丝。

1人份
**1.0 g**
247 kcal

## 改良3

富含维生素的韭菜和富含膳食纤维的菌类

# 韭菜蘑菇酱拌鸡肉

**材料（2人份）与做法**
1 30g香菇、30g口蘑切碎，加1小勺香油翻炒，加30g切碎的韭菜、2大勺鸡汤、1小勺酱油、1小勺蚝油。
2 将1块蒸鸡肉切片、装盘，淋酱汁。

1人份
**1.5 g**
324 kcal

1/4份
**0.1g**
316 kcal

制作方便，
直接食用就很美味的
超低糖料理

保存
冷藏
**4~5天**

# 盐煮里脊肉

材料（易做的量）
猪肩里脊肉…500g
盐…1大勺

做法
1 猪肩里脊肉上撒盐，放在托盘上，盖保鲜膜，冷藏、静置1天以上（如条件允许可静置两三天）。
2 将猪肩里脊肉放入锅中，倒足量水。盖上锅盖，煮沸后中火炖2小时左右。
3 关火散热。冷却后和汤汁一起放入保存容器中（如果肉上绑有绳子，保存时需解开）。

**减糖重点**
猪肉富含维生素B$_1$，能有效缓解疲劳
猪肉含糖量低，营养价值高，有缓解疲劳的功效，因此在减肥时期能有效缓解精力不足。烹饪时只用到盐，超低糖且美味。

## 改良1

用鲜美的汤让料理更美味

# 日式咸肉浓汤

**材料（2人份）与做法**
准备2½杯加水稀释的猪肉汤（约为1杯猪肉汤加1½杯水），200g盐煮里脊肉切成方便食用的小块，将1个大个芜菁、4个小洋葱、2个香菇、4个海带结煮软。

1人份
**3.8 g**
362 kcal

## 改良2

加入菠菜或小松菜等喜欢的绿叶菜

# 青菜炒肉

**材料（2人份）与做法**
150g青菜切成5cm长的段，1瓣蒜切碎，加1小勺香油翻炒，加1小勺酱油调味。加入200g切成条的盐煮里脊肉迅速翻炒。

1人份
**2.2 g**
363 kcal

## 改良3

加入魔芋丝做成汤面

# 咸肉魔芋丝汤面

**材料（2人份）与做法**
1 准备2杯加水稀释的猪肉汤（约为1杯猪肉汤加1杯水），加入焯水后的魔芋丝，加热后装盘，放上100g切成薄片的盐煮里脊肉。
2 加2大勺小葱花、2小勺炒白芝麻、1/4小勺姜末、1/4小勺蒜末、2小勺香油、少许辣椒粉、1小勺酱油做成的酱料。

1人份
**1.1 g**
237 kcal

# 主菜·海鲜

大多数海鲜富含蛋白质，低糖、低脂。
因为海鲜中含有丰富的DHA和EPA，
有降低胆固醇和中性脂肪的作用，
所以推荐在减重时食用。

几乎无糖的夏威夷风味料理，
蒜味很浓，同样适合做下酒菜

| 保存 | |
|---|---|
| 冷藏 3 天 | |
| 冷冻 2 周 | |

## 蒜蓉虾

**材料（易做的量）**
虾（带壳）…300g
A 蒜末…2瓣的量
　橄榄油…3大勺
　白葡萄酒…2大勺
　干罗勒…1小勺
　盐…2/3小勺
　胡椒…少许

**做法**
1 稍切开虾背，去虾线。
2 将虾放入碗中，加材料A充分搅拌，在冷藏室中静置半天。
3 加热平底锅，将虾连同腌泡汁一起煮熟。

**减糖重点**
尽管油较多，但无糖
橄榄油无糖，使用再多也没问题。加入罗勒和蒜后，虾会变得更加多汁、美味。

1/4份
**0.8 g**
165 kcal

调味料酸味不重,
很美味

# 醋腌三文鱼

材料（易做的量）
三文鱼…4块（400g）
盐、胡椒…各少许
面粉…1小勺
芹菜…1/2根
洋葱…1/2个
A 高汤…1杯
酱油…1大勺
姜汁…1小勺
醋…1小勺
味醂…1小勺
红辣椒…1根
色拉油…适量

做法
1 将三文鱼切成三四等份,
撒盐、胡椒,装入保鲜袋
中,加面粉摇匀,让三文
鱼裹上一层面衣。
2 芹菜斜刀切片,洋葱切
片,装进保存容器中,加
材料A搅拌均匀。
3 用170℃的油炸三文鱼,
趁热放在步骤2的材料上。

减糖重点

腌泡汁中不加白砂糖
如果调味料中含糖量
高,即使其他食材含
糖量低,也无法减
糖。所以要严格挑选
调味料,不加白砂糖
也同样美味。

芹菜、洋葱等蔬菜
分量十足。

1/4份

**4.1g**

228 kcal

利用魔芋丝完成减糖，
魔芋丝冷藏后依然美味

保存
冷藏
3天

# 泰式海鲜魔芋丝沙拉

**材料**（易做的量）
魔芋丝…200g
煮虾仁…8个（100g）
猪肉馅…80g
蒜…1瓣
芹菜…60g
红洋葱…1/2个
小葱、香菜…各20g
木耳…3g
味酥…1小勺
A｜酸橙汁…1大勺
　｜鱼露…1大勺
　｜红辣椒末…1撮

**做法**
1 魔芋丝切成方便食用的长度，焯水去腥后沥干水分。
2 蒜切碎，和猪肉馅混合后用平底锅翻炒。
3 芹菜、红洋葱切片，小葱、香菜切成2cm长的段。木耳泡发后切成5mm宽的丝。
4 味酥用微波炉加热30秒，与材料A混合。
5 将步骤1～步骤3的材料、煮虾仁放入碗中，加调味料搅拌均匀。

**1/4份**
**4.2 g**
94 kcal

### 减糖重点
**用魔芋丝代替含糖量高的粉丝**
粉丝是用土豆、绿豆等淀粉含量高的食材做成的，因此含糖量高。魔芋丝富含膳食纤维，而且糖分几乎为零，因此能够放心用魔芋丝代替粉丝食用。

用三文鱼做成的夏威夷风味料理

保存
冷藏
3天

# 三文鱼冷盘

**材料**（易做的量）
三文鱼…250g
黄瓜…1根
芹菜…1/2根
红洋葱…1/4个
黄甜椒…1/4个
盐…1/3小勺
A｜橄榄油…2大勺
　｜柠檬汁…1大勺
　｜蒜末…1小勺
　｜盐…1/2小勺
　｜胡椒…少许

**做法**
1 三文鱼切成1cm见方的小块。
2 黄瓜、芹菜、红洋葱、黄甜椒切成5mm见方的丁，撒盐后搅拌，挤出水分。
3 将步骤1和步骤2的材料放入碗中，加材料A搅拌均匀。

**1/4份**
**3.0 g**
220 kcal

### 减糖重点
**三文鱼能增强燃脂效果**
三文鱼不仅糖分几乎为零，还富含抗氧化作用较强的虾青素，具有抗老化、提高免疫力的功效。

制作简单、
分量十足的一道海鲜料理

保存
冷藏
3天

# 异国风味
# 莎莎酱海鲜

**材料（易做的量）**
冷冻混合海鲜…200g
红洋葱…1/4个
青椒…1个
圣女果…12个
A｜橄榄油、酸橙汁…
　　各1大勺
　｜鱼露…2小勺
　｜蒜末…1小勺
　｜塔巴斯哥辣酱、
　｜胡椒…各少许

**做法**
1 将冷冻混合海鲜焯水
后沥干。
2 红洋葱、青椒切碎，
圣女果去蒂后纵向切成
两半。
3 将步骤1和步骤2的材
料放入碗中，加材料A
搅拌均匀。

1/4份
**4.7g**
95 kcal

**减糖重点**

**充分利用低糖混合海鲜，制作方便**
混合海鲜是由营养丰富的低糖海鲜组成，不需要
预处理就能轻松使用。有了方便的食材，减重也
更容易坚持。

---

用到了奶油，
加入柠檬让味道更清爽

保存
冷藏
3~4天

# 柠檬黄油奶油
# 拌大虾三文鱼

**材料（易做的量）**
虾（带壳）…8只（160g）
三文鱼…2块（200g）
蒜…1瓣
洋葱…1/4个
杏鲍菇…1根
口蘑…5个
黄油…20g
白葡萄酒…1/4杯
A｜柠檬…2片
　｜鼠尾草…5片
　｜鲜奶油…1杯
盐、胡椒…各适量

**做法**
1 虾去壳、留尾巴，稍
切开背部，去虾线。三
文鱼切成4等份，撒1/2
小勺盐和少许胡椒。
2 蒜、洋葱切碎，杏鲍
菇、口蘑切片。
3 在平底锅中加入黄
油，将虾和三文鱼煎至
焦黄后取出。
4 用平底锅翻炒步骤2
的材料，倒入虾和三文
鱼，倒入白葡萄酒。
5 加材料A煮沸，用盐、
胡椒调味。

1/4份
**3.7g**
379 kcal

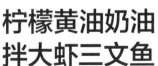

**减糖重点**

**鲜奶油能抑制糖分，让味道更
加浓郁**
鲜奶油热量高，大家在减肥时
会尽量避开，其实每100g鲜
奶油含糖量只有3.1g。加入鲜
奶油能增加菜品的黏稠度，提
高满足感。

窍门是鱿鱼要焯水，
橄榄的咸味很好吃

保存
冷藏
3天

# 腌鱿鱼

**材料（易做的量）**
鱿鱼…2条
（净重350g）
芹菜…1根
黑橄榄…20g
盐…1/2小勺
A｜橄榄油、柠檬汁…
　各1大勺
　盐…1/4小勺
　胡椒…少许

**做法**
1 鱿鱼去肠和软骨后洗净，
身体切成圆环，足两三条
为一组切开，焯水。
2 芹菜斜刀切片，叶子略切
开，撒盐搅拌后挤出水分。
3 将鱿鱼、芹菜和黑橄榄
放入碗中，加材料A搅拌
均匀。

**减糖重点**

减糖期间的调味要简单
以盐、胡椒为主的简单调
味，用油增加黏稠度，用
柠檬让味道更加清爽。不
使用含糖调味料，品尝食
材本身的鲜味。

1/4份
**1.1 g**
126 kcal

海带和大葱突出了鱼的鲜味，
最后可以淋香油

保存
冷藏
3天

# 油蒸鲷鱼

**材料（易做的量）**
鲷鱼…3块
大葱…1根
海带
（5cm×20cm）…1张
盐…2/3小勺
香油…2小勺

**做法**
1 海带用凉水泡开，取1/2
杯泡过海带的水。大葱斜
刀切薄片。
2 将步骤1的材料放入平底
锅中，放入鲷鱼，撒盐，盖
上盖子中火焖5分钟左右。
3 淋加热后的香油。

**减糖重点**

可以加绿紫苏和蘘荷
海带和香油原本就很
美味，不过还可以添
加绿紫苏和蘘荷。
每种食材的含糖量都
很低。

1/4份
**1.6 g**
179 kcal

刺山柑花蕾是调料中的重点，
和鱿鱼、蔬菜味道搭配和谐

保存
冷藏
4~5天

# 鳀鱼酱沙拉

**材料（易做的量）**
煮鱿鱼…100g
圆白菜…300g
芹菜…1根
鳀鱼…5片
A│刺山柑花蕾…2大勺
　│鳀鱼酱…1大勺
　│橄榄油…2大勺
　│蒜末…1/2小勺
　│盐…1/4小勺
　│胡椒…少许

**做法**
1 圆白菜、芹菜切丝，芹菜叶切成1cm宽。煮鱿鱼切开，鳀鱼切碎。
2 在步骤1的材料中加入材料A搅匀（放入保鲜袋中更易混合）。

**减糖重点**

鱿鱼有嚼劲，很适合减重
含糖量低的鱿鱼有嚼劲，能够增加咀嚼次数，容易让人获得满足感。可以将鱿鱼换成墨鱼和虾等海鲜，含糖量也不会增加。

1/4份
**3.1g**
169 kcal

用酸奶和味噌两种发酵食品
改善肠道环境

保存
冷藏
5天

# 味噌姜味旗鱼

**材料（易做的量）**
旗鱼…4块（400g）
红甜椒…1/2个
青椒…12个
A│酸奶（原味）…
　│3大勺
　│味噌…2大勺
　│姜末…1块的量
　│盐…1/4小勺
色拉油…1/2大勺

**做法**
1 将材料A搅拌均匀。
2 在两块30cm见方的保鲜膜上各放两块旗鱼，每块分别涂上1/4材料A，裹好后在冷藏室腌制4小时以上（可静置一晚）。
3 红甜椒纵向切成8等份，青椒用刀尖划开。
4 在平底锅中倒入色拉油加热，放入红甜椒和青椒迅速煎后取出。放入旗鱼，中小火煎3分钟左右，翻面后再用小火煎3分钟左右。

1/4份
**3.3g**
145 kcal

# 主菜·蛋、豆腐

鸡蛋营养价值高，豆腐富含植物蛋白。
两种食材糖分都很低，
而且价格便宜，
是减糖期间不可或缺的食材。

1块
**1.3 g**
178 kcal

用鲜奶油和芝士做出奢华的味道，
培根鲜美可口

## 无皮洛林糕

冷藏
**3~4** 天

保存

材料（易做的量）
杏鲍菇···1根
芦笋···3根
培根···2块
A｜鸡蛋···4个
　｜鲜奶油···1/4杯
　｜帕尔玛芝士···1大勺
　｜盐···1/4小勺
　｜胡椒···少许

做法
1 杏鲍菇切成两段，纵向切开后再切薄片。芦笋用削皮刀去皮后斜切片。培根切成1cm宽的条。
2 将步骤1的材料放入耐热容器中，倒入搅拌均匀的材料A。
3 放入烤盘，烤箱220℃预热，烤20分钟左右。冷却后分成4等份。

### 减糖重点

不使用含糖量高的面坯
用面粉做成的面坯含
糖量高，所以去皮洛
林糕能控制糖分。另
外只需要将食材放入
耐热容器中烤，烹饪
方法简单。

烤到松软，分量
十足！

蓬松爽口
分量十足又低糖，可以放心食用

保存
冷藏
3天

# 味噌豆腐丸子

**材料（8个）**

木棉豆腐…1/2块
（150g）
鸡肉馅…200g
绿紫苏…8片
裙带菜（干燥）…5g
大葱…1/2根
姜…1块
蛋黄…1个
味噌…1½大勺
色拉油…1大勺

**做法**

1 用重物压住豆腐，充分挤出水分。大葱、姜切碎。
2 将鸡肉馅揉搓后加步骤1的材料、蛋黄、味噌，搅拌均匀后加入干燥的裙带菜混合。
3 分成8等份后团成丸子，贴上绿紫苏。
4 在平底锅中倒入色拉油加热，煎熟丸子。

**减糖重点**

**加入富含膳食纤维和矿物质的裙带菜**

减糖期间容易营养不良，比如膳食纤维摄入不足。裙带菜含糖量低，而且富含膳食纤维和矿物质，要有意识地多摄入。裙带菜的口感也很好，能够提升饱腹感。

1个
**1.0 g**
91 kcal

用油豆腐
做出口感劲道的小菜

# 苦瓜杂烩

保存
冷藏
4~5天

**材料（易做的量）**
油豆腐…1块（200g）
苦瓜…1根
猪五花肉片…200g
鸡蛋…2个
盐…2/3小勺
胡椒…少许
酱油…2小勺
色拉油…1小勺
干松鱼…5g

**做法**
1 猪五花肉片切成3cm宽的条。油豆腐去掉边，切成1cm宽的条。苦瓜纵向切成两半后去瓤，切成薄片。
2 在平底锅中倒入色拉油加热，将猪肉片翻炒变色后依次加入苦瓜、油豆腐翻炒。
3 加盐、胡椒、酱油调味，淋蛋液后翻炒。装进保存容器中，撒干松鱼。

**减糖重点**

**油豆腐能增加分量**
苦瓜杂烩中大多会加入木棉豆腐或冲绳豆腐。油豆腐能显著增加分量，而且含糖量低，可以放心食用。

1/4份
**1.1 g**
311 kcal

大量使用西葫芦的
简易烘蛋

# 小鱼干意式烘蛋

保存
冷藏
3~4天

**材料（易做的量）**
鸡蛋…3个
西葫芦…1根
A 洋葱末…1/4个的量
蒜末…1小勺
小鱼干…3大勺
芝士粉…3大勺
盐、胡椒…各少许
橄榄油…2大勺

**做法**
1 西葫芦切薄片。
2 在直径20cm的平底锅中倒入1大勺橄榄油，放材料A炒软。加入西葫芦翻炒两三分钟，撒盐、胡椒。
3 鸡蛋打入碗中，加入小鱼干、芝士粉搅拌后加入步骤2的材料搅拌。
4 擦净平底锅，倒入剩余的橄榄油加热，放入步骤3的材料，用筷子搅拌，煎至半熟后调整形状。盖上盖子小火煎5分钟左右，底部变色后翻面，再盖上盖子小火煎5分钟左右。冷却后切成8等份。

**减糖重点**

**使用一整根含糖量低的西葫芦**
西葫芦低糖、低热量，非常适合减重时使用，而且富含钙质，能够消除浮肿，还能增加饱腹感。

2块
**2.3 g**
160 kcal

用火腿包住鸡蛋
增加分量

保存
冷藏
3天

# 油豆腐鸡蛋

**材料（4个）**
鸡蛋…4个
油豆腐…2片
火腿…2片
A│高汤…1½杯
　│酱油…1大勺
　│味醂…1小勺
　│盐…1撮

**做法**
1 油豆腐片沿长边切开，打开呈口袋状。火腿切成两半。
2 将火腿放入油豆腐中，打进鸡蛋，用牙签封口。
3 将材料A煮沸，放入油豆腐煮4分钟左右。

**减糖重点**
**不使用白砂糖，
加入少量味醂**
尽管味醂的含糖量有些高，不过可以让食物更有光泽，味道更加浓郁。而且味醂的糖分比白砂糖低，关键在于少量使用。

油豆腐包裹鸡蛋，切成两半的横截面看起来很丰盛。

1个
**1.2 g**
166 kcal

肉馅的鲜味可口，
以豆腐为主，口感清淡

保存
冷藏
3天

1/6份
**1.6 g**
111 kcal

# 豆腐肉松

**材料（易做的量）**
木棉豆腐…1块
猪肉馅…100g
舞菇…1包
小葱…20g
鸡蛋…1个
A│高汤…1/2杯
　│酱油…1大勺
　│味噌…1小勺
　│红辣椒…1根
香油…2小勺

**做法**
1 用重物压住豆腐，充分挤出水分。
2 舞菇去根后切碎，小葱切小段。
3 平底锅中倒入香油加热，将猪肉馅翻炒熟后加入步骤1和步骤2的材料翻炒。打入鸡蛋混合，然后加材料A煮5分钟左右。

**减糖重点**
**用味噌提味**
加入味噌后味道更浓郁可口，但是有的味噌含糖量高，要注意选择。仅用来提味，少量使用即可。

可以直接配米饭吃，也可以做成饭团，用生菜叶包起来更可口。

用豆腐渣代替粗麦粉
做成的沙拉

保存
冷藏
3~4 天

# 豆腐渣沙拉

材料（易做的量）

豆腐渣…200g
生火腿…40g
芝麻菜…30g
芹菜…1根
黄瓜…1根
核桃…40g
A｜橄榄油…3大勺
　｜柠檬汁…1½大勺
　｜鱼露…1大勺
　｜盐…1/4小勺
　｜胡椒…少许

做法

1 将豆腐渣铺在耐热盘中，用微波炉加热3分钟，蒸发多余水分，取出冷却。

2 芝麻菜切成2cm长的段，芹菜、黄瓜切成1cm见方的小丁，生火腿撕成方便食用的大小。核桃捣碎，用平底锅干炒。

3 将步骤1和步骤2的材料放入碗中，加材料A搅拌均匀。

**减糖重点**

粗麦粉含糖量高，
用豆腐渣代替，实现减糖

粗麦粉是制作意大利面的食材，原料是面粉，含糖量高，所以用水分蒸发后的豆腐渣代替。豆腐渣用黄豆做成，无糖且富含蛋白质和膳食纤维，可放心食用。

1/4份
**1.3 g**
234 kcal

咖喱的味道可口，
适合作为便当的配菜

保存
冷藏
4~5 天

# 咖喱味圆白菜烤蛋

材料（6个）

鸡蛋…6个
圆白菜…150g
盐…1/3小勺
咖喱粉…1/2小勺
胡椒…少许

做法

1 圆白菜切成5mm宽的丝，撒盐轻轻揉搓后挤出水分，加咖喱粉、胡椒搅匀。

2 将圆白菜分成6等份，放进硅胶碗中，每个碗里打1个鸡蛋，放在烤盘上，用预热至200℃的烤箱烤20分钟左右，烤至鸡蛋半熟。

**减糖重点**

打入整个鸡蛋增加分量

用咖喱粉调味的圆白菜配上含糖量低的鸡蛋，分量十足，有嚼劲。

1个
**1.0 g**
82 kcal

像芝士一样口感浓厚，
酸奶味道浓郁

保存 冷藏 4~5天

# 味噌酸奶腌豆腐

材料（易做的量）
木棉豆腐…1块
味噌、原味
酸奶…各2大勺

做法
1 用重物压住豆腐，挤出水分。
2 将味噌和原味酸奶倒入碗中，搅拌均匀。
3 将味噌酸奶涂在豆腐上，放入冷藏室中静置一天以上。

### 制作重点

涂上酸奶和味噌后食用
食用前要将味噌酸奶涂抹均匀，将豆腐切成方便食用的小块，可以根据个人口味放橄榄油和胡椒。

1/4份
**1.9 g**
79 kcal

鲜美多汁、
口感劲道

保存 冷藏 3天

# 冻豆腐肉卷

材料（15个）
冻豆腐…5片
猪里脊肉…15片
（约280g）
A 蛋液…1个的量
　高汤…2大勺
B 酱油…1大勺
　味醂…1小勺
　姜汁…2小勺
盐、胡椒…
各少许
色拉油…1大勺

做法
1 将冻豆腐用水泡开，洗净后充分拧干，切成3等份的棒状，淋搅拌均匀的材料A。
2 猪里脊肉铺开，撒盐、胡椒，裹住冻豆腐。
3 平底锅中倒入色拉油加热，放入肉卷，收口处朝下。逐渐旋转让整体充分煎熟，淋混合均匀的材料B。

### 减糖重点

冻豆腐能够补充钙质
冻豆腐能够补充减重时容易摄取不足的钙质，同时它还富含膳食纤维。

3个
**1.8 g**
282 kcal

## 配菜

本节介绍利用蔬菜制作而成的可保存料理。推荐在菜量不够时添加，含糖量低，可以放心食用。

使用白萝卜干，
口感劲道、鲜味十足

保存
冷藏
1周

# 香肠泡菜

**材料**（易做的量）
香肠…4根
圆白菜…150g
白萝卜干…40g
A 芥末粒…2大勺
醋…1大勺
白砂糖…1小勺
浓汤宝颗粒（清汤）、
盐…各1/2小勺
胡椒…少许
橄榄油…1大勺
蒜末…1/2小勺
水…1½杯

**做法**
1 香肠斜切成3等份，圆白菜切成1cm宽的丝。白萝卜干放入水中浸泡，水变黏稠后倒掉，将白萝卜干冲洗干净后拧干，切成方便食用的大小。
2 将步骤1的材料和材料A放入锅中搅拌，大火煮沸后调小火，盖上盖子煮20分钟左右，煮至白萝卜干变软。

1/4份
**8.8** g
157 kcal

味道清爽，
刺山柑花蕾和芥末是重点

保存
冷藏
4~5天

# 腌生火腿

**材料**（易做的量）
生火腿…40g
洋葱…2个
盐…1/2小勺
意大利香芹…10g
A 柠檬汁…1大勺
橄榄油…1大勺
芥末粒…1/2大勺
刺山柑花蕾…2大勺
胡椒…少许

**做法**
1 洋葱切断纤维，切成薄片，撒盐后轻轻揉搓，拧干水分。
2 生火腿撕成方便食用的大小，意大利香芹切碎。
3 将步骤1、步骤2的材料和材料A放入保存容器中搅拌均匀。

1/4份
**7.4** g
99 kcal

不仅可以作小菜，
还可以作零食，一
道时尚的料理。

充分炒熟，
突出了蔬菜可口的甜味

# 法式蔬菜杂烩

**材料（易做的量）**
洋葱…1/4个
芹菜…1/4根
红甜椒…1/2个
茄子…2个
西葫芦…1小根
蒜末…1/2瓣的量
番茄罐头
（切片装）…150g
盐…1/3小勺
胡椒…少许
月桂叶…1片
罗勒（选用）…1片
橄榄油…1大勺

**做法**
1 将洋葱、去筋后的芹菜切成2cm见方的块，红甜椒、茄子去籽、去蒂后切大块，西葫芦纵向切成两半后切成2cm厚的片。
2 锅里倒入橄榄油，将蒜末翻炒出香味后加入洋葱、芹菜炒软，放入茄子翻炒，然后依次放西葫芦、红甜椒、番茄、盐、胡椒混合均匀。
3 放入月桂叶、撕碎的罗勒，盖上盖子煮沸后小火炖15分钟左右。用盐、胡椒（材料外）调味。

**减糖重点**

**大量使用蔬菜，解决蔬菜缺乏的问题**
减糖期间能够使用的食材会变少。法式蔬菜杂烩中使用了多种蔬菜，美味且营养均衡，正适合解决蔬菜缺乏的问题。

1/4份
**4.6 g**
60 kcal

享受蔬菜的美味

# 腌烤蔬菜

**材料（易做的量）**
茄子…200g
红甜椒…1个
芦笋…100g
A 橄榄油…1/2杯
  醋…2大勺
  盐…1小勺
  胡椒…少许
  蒜（压扁）…1/2瓣
  月桂叶…1片
  红辣椒（去籽）…
  1根
橄榄油…适量

**做法**
1 茄子去蒂。红甜椒去蒂、去籽，切成2cm宽的条。芦笋掰掉坚硬的部分，根部削去3cm左右厚的皮，切成两半。
2 烤架（或平底锅）涂橄榄油加热，放上步骤1的材料烤至双面焦黄。
3 将材料A放入密闭容器中搅拌均匀，涂在蔬菜上。

1/4份
**3.5 g**
145 kcal

1/4份
**3.8g**
23 kcal

口感脆脆的，
蒜的味道也很可口

# 混合泡菜

**材料（易做的量）**
黄瓜…1根
芹菜…1/2根
胡萝卜…1/2根
A 白葡萄酒醋、
　 水…各1/2杯
　 白砂糖…1大勺
　 盐、黑胡椒粒…
　 各1/2小勺
　 蒜（切片）…1瓣
　 月桂叶…1片
　 红辣椒…1根

**做法**
1 将材料A混合均匀后倒入
锅中，煮沸后关火。冷却
后装进保存容器中。
2 黄瓜纵向切成两半，再
切成3cm长的小段。芹菜切
块，胡萝卜切成1cm厚的
半圆形，分别焯水后擦干。
3 放入步骤1的材料中腌
制，最好第二天再食用。

**减糖重点**

**巧妙利用白葡萄酒醋减少
白砂糖的用量**
虽然白砂糖的用量减少，
但是白葡萄酒醋的酸味、
蒜和黑胡椒的风味同样能
让食材变得美味。蔬菜保
留了清脆的口感，有嚼劲。

1/4份
**8.2g**
186 kcal

酸味和辣味
绝妙平衡

# 莎莎酱豆子沙拉

**材料（易做的量）**
鹰嘴豆（水煮）…100g
芸豆（水煮）…100g
毛豆（带豆荚）200g
芹菜…1根
黄瓜…1根
水萝卜…5个
A 番茄酱…4大勺
　 蒜末…1/2小勺
　 柠檬汁、橄榄油…
　 各2大勺
　 塔巴斯哥辣酱…5滴
　 盐…1/2小勺
　 胡椒…少许

**做法**
1 鹰嘴豆、芸豆沥干水分，
毛豆煮熟后剥掉豆荚。
2 芹菜、黄瓜切成1cm见
方的块，水萝卜去掉叶子
后切成8等份。
3 将步骤1和步骤2的材料
放入碗中，加材料A搅拌
均匀。

**减糖重点**

**利用辣味和酸味
做出浓厚的味道**
用塔巴斯哥辣酱和柠檬汁
调味，味道浓郁，令人满
足。以富含植物纤维的豆
子为主，加入有嚼劲的蔬
菜，营养均衡。

弥漫着海带鲜味的
爽口小菜

保存
冷藏
4~5天

# 暴腌芹菜黄瓜沙拉

**材料（易做的量）**
芹菜…2根
黄瓜…2根
蘘荷…5个
A 醋、水…各1/2杯
　海带末…5g
　红辣椒…1根
　盐…1½小勺
胡椒…少许
色拉油…1小勺

**做法**
1 芹菜茎、芹菜叶、黄瓜切块，蘘荷斜刀切成两半。
2 将步骤1的材料和材料A放入碗中搅拌均匀，在冷藏室中腌制一晚。
3 倒掉汁水，加色拉油、胡椒搅拌均匀。

1/4份
**2.4 g**
30 kcal

日式小菜，可搭配肉菜和鱼。

汤汁入味，
家常菜的味道

保存
冷藏
3天

# 小松菜油豆腐沙拉

**材料（易做的量）**
小松菜…200g
油豆腐…2片
大葱…1根
蟹味菇…100g
高汤…2杯
淡口酱油…1½大勺
味醂…1小勺

**做法**
1 小松菜切小段，大葱斜切成小段，蟹味菇分成小朵。油豆腐焯水、去油，切成1.5cm宽的条。
2 将高汤倒入锅中煮沸，加入步骤1的材料煮软后加淡口酱油、味醂，关火。

1/4份
**3.1 g**
92 kcal

适合搭配烤鱼和酱油烧鸡等主菜。菌类的鲜味和味道浓郁的油豆腐很可口。

1/4份
**2.5 g**
134 kcal

榨菜的味道让人上瘾

# 中式凉拌
# 白菜火腿

**材料**（易做的量，4人份）

白菜…1/4小个
里脊肉火腿…5片
榨菜…30g
A｜蒜末…1/4瓣的量
　｜香油…2大勺
　｜醋…1/2大勺
　｜盐…1/3小勺
盐…1/2小勺
炒白芝麻…1大勺

**做法**

1 白菜切丝，撒盐揉搓，静置5分钟后拧干水分。
2 火腿切成两半后切丝，榨菜切碎。
3 将材料A放入白菜中揉匀，加火腿、榨菜和炒白芝麻后搅拌均匀。

**减糖重点**

**白菜富含钙质，能消除浮肿**

白菜含糖量低，减糖期间能安心食用。除了富含钙质，能消除浮肿之外，还富含维生素C，对皮肤很好。

保存
冷藏
3~4 天

鲜味十足，
用扇贝罐头就能简单完成

# 蛋黄酱白萝卜
# 扇贝沙拉

**材料**（易做的量）

白萝卜…500g
扇贝罐头…1罐（50g）
盐…2小勺
A｜蛋黄酱…4大勺
　｜盐、黑胡椒碎…
　｜各少许

**做法**

1 白萝卜切丝，撒盐后轻轻揉搓，变软后挤干水分。扇贝罐头倒掉汤汁。
2 步骤1的材料加材料A搅拌均匀。

1/4份
**4.1 g**
119 kcal

**制作重点**

**要拧干白萝卜中的水分**
白萝卜容易出水，如果没有拧干，成品水会太多。可以在加盐揉搓后用纱布或干净的棉布包好并拧干。

色彩鲜艳，为餐桌增加一抹亮色，
可以用来招待客人

保存
冷藏
4~5天

# 法式橄榄拌紫甘蓝丝

**材料（易做的量）**
紫甘蓝…300g
绿橄榄片…50g
A│白葡萄酒醋…1大勺
　│橄榄油…2小勺
　│芥末粒…1小勺
　│盐…1撮
　│胡椒…少许
盐…1/2小勺

**做法**
1 紫甘蓝切丝，撒盐揉搓软后充分挤干水分。
2 和绿橄榄片一起放入碗中，加材料A搅拌均匀。

---

## 减糖重点

**减糖期间用圆白菜做拌菜**
说到法式拌菜丝，大家都会想到胡萝卜。但胡萝卜丝含糖量高，在减糖期间可使用低糖的圆白菜代替。紫甘蓝能让色彩更加鲜艳，也可以使用绿色圆白菜。

1/4份
### 3.3 g
64 kcal

---

口感清脆，
分量十足的沙拉

保存
冷藏
3~4天

# 酱油水菜肉片沙拉

**材料（易做的量）**
猪肉片
（涮肉用）…200g
水菜…2把
蘘荷…3个
A│姜末…1块的量
　│橄榄油…2大勺
　│酱油…1大勺
　│盐…少许

**做法**
1 在足量热水中加少许盐（材料外），放入水菜焯水后放在冷水中冷却，拧干水分后切成3cm长的段。中火加热焯过水菜的热水，猪肉片烫后冷却。
2 蘘荷切丝。
3 在碗中混合材料A，放入步骤1和步骤2的材料后搅拌均匀。

---

## 减糖重点

**减糖期间同样可以使用热量高的油**
大家总是认为在减重期间要控制油的摄入，其实油中不含糖，可以放心使用。橄榄油和酱油的味道搭配和谐，适合用来调味。

1/4份
### 0.0 g
176 kcal

窍门是当胡萝卜
还有些硬时就关火

保存
冷藏
5天

# 胡萝卜薄片

材料（易做的量）
胡萝卜…300g
A｜盐…1/3小勺
　｜胡椒…少许
干松鱼…5g
色拉油…1大勺

做法
1 胡萝卜用削皮器削成片，然后切成方便食用的长度。
2 平底锅中倒入色拉油加热，炒胡萝卜，用材料A调味，胡萝卜变软后关火。加干松鱼搅拌。

### 减糖重点

调味简单，减少多余的糖分
胡萝卜虽然含糖量高，但是富含β-胡萝卜素，所以可以适当摄入。用盐、胡椒调味，用干松鱼提鲜，突出胡萝卜的甜味。

1/4份
**4.8** g
62 kcal

双色圣女果色彩鲜艳，
咸味生火腿十分美味

保存
冷藏
4~5天

# 腌圣女果橄榄火腿

材料（易做的量）
圣女果（红、黄）…各20g
黑橄榄（无籽）…20g
生火腿…8片
A｜橄榄油…2大勺
　｜柠檬汁…2小勺
　｜盐…1/2小勺
　｜胡椒…少许
　｜意大利香芹末…4小勺

做法
1 将去蒂的圣女果放入沸水中烫6秒（表皮稍微发皱即可），迅速过冷水后剥皮。生火腿撕成方便食用的大小。
2 将步骤1的材料、黑橄榄放入碗中，加材料A搅拌均匀，装进保存容器中，放入冷藏室冷却。

### 制作重点

圣女果用开水烫过后腌制
圣女果用开水烫过后腌制更容易入味，能提升满足感。加入低糖生火腿后口感更佳。

1/4份
**6.1** g
186 kcal

散发出八角的香味，
推荐作为下酒小菜

# 中式凉拌毛豆

保存
冷藏 **3** 天
冷冻 **2** 周

材料（易做的量）
毛豆（带豆荚）250g
A│绍兴酒、酱油…
　│各2小勺
　│八角…1个
　│红辣椒…1根
　│姜片…1块

做法
1 用剪刀剪去毛豆两端，撒盐（材料外）揉搓，放入热水中煮4分钟左右。
2 捞出沥干水分，趁热与混合均匀的材料A一起放进保鲜袋中，混合均匀。

**减糖重点**

八角能增加不同的风味
八角味道浓郁，推荐在减糖期间使用。八角有改善体寒，缓解便秘和浮肿等作用。

适合配啤酒、烧酒和苏打水威士忌。

1/4份
**2.9 g**
91 kcal

使用油腌沙丁鱼做成的
轻奢料理

# 油腌口蘑

保存
冷藏 **1** 周

材料（易做的量）
口蘑…300g
蒜…1瓣
红辣椒…1根
橄榄油…约1½杯
油腌沙丁鱼…1罐
盐…1小勺
胡椒…少许
欧芹末…1大勺

做法
1 将口蘑、切成两半的蒜、红辣椒、盐、胡椒放入平底锅中，倒橄榄油至八分满。
2 小火加热10分钟左右，加入去掉汤汁的油腌沙丁鱼和欧芹末，关火。

1/4份
**1.6 g**
176 kcal

可以作为配菜放进便当中

# 蘑菇炒牛蒡丝

保存
冷藏
3~4 天

**材料（易做的量）**
蟹味菇…100g
金针菇、舞菇…
各150g
红辣椒末…1撮
A｜酱油…4小勺
　｜味醂…1小勺
炒白芝麻…2小勺
香油…1大勺

**做法**
1 蟹味菇撕开，金针菇切成两半后撕开，舞菇切片。
2 香油、红辣椒末放入平底锅中加热，加步骤1的食材翻炒软后加入混合均匀的材料A炖煮，撒炒白芝麻。

放在水菜和芝麻菜上做成沙拉。

**1/4份**
## 3.6 g
65 kcal

---

用蘸面汁轻松调味

# 醋腌蘑菇

保存
冷藏
3~4 天

**材料（易做的量）**
舞菇…100g
蟹味菇…50g
香菇…3个
大葱白…1/2根
A｜蘸面汁
　｜（3倍浓缩）…2大勺
　｜醋、水…各1大勺
　｜红辣椒末…少许
色拉油…适量

**做法**
1 菌类分别去根，切成方便食用的大小。大葱白纵向切成两半后斜切成薄片。
2 色拉油加热到170℃，依次放入香菇、舞菇、蟹味菇，搅拌后炸1分30秒左右。捞出后夹在厚纸巾中擦干油分。
3 将材料A搅拌均匀，趁热加入大葱白和菌类搅拌均匀，腌制10分钟左右。

**1/4份**
## 2.5 g
69 kcal

---

蒜味让人停不下筷子

# 蒜香蘑菇

保存
冷藏
2~3 天

**材料（易做的量）**
舞菇…200g
口蘑…200g
杏鲍菇…100g
蒜片…2瓣的量
红辣椒…1个
欧芹末…4大勺
A｜白葡萄酒…2大勺
　｜盐…1/2大勺
　｜黑胡椒碎…1/3小勺
橄榄油…3大勺

**做法**
1 舞菇撕成小块，口蘑纵向切三四片，杏鲍菇切成两段后纵向分成8等份。
2 红辣椒去籽，撕成三四等份。
3 平底锅中倒橄榄油，放蒜片小火炒两三分钟，炒出香味。
4 加入菌类、红辣椒和材料A，中火炒一两分钟让水分蒸发，加入欧芹末搅拌。

**1/4份**
## 2.0 g
112 kcal

用豆瓣酱调出辣味，和香油的香味很搭

# 韭菜金针菇豆芽中式脆沙拉

保存
冷藏
3 天

**材料（易做的量）**
韭菜…100g
豆芽…200g
金针菇…150g

A 蒜末…1瓣的量
酱油…1大勺
炒白芝麻、
香油…各2小勺
豆瓣酱…1/2小勺

**做法**
1 韭菜切段，豆芽去根，金针菇切成两段后撕开。
2 焯水1分钟左右，捞出沥干，散热后拧干水分。
3 放入碗中，加材料A搅拌均匀。

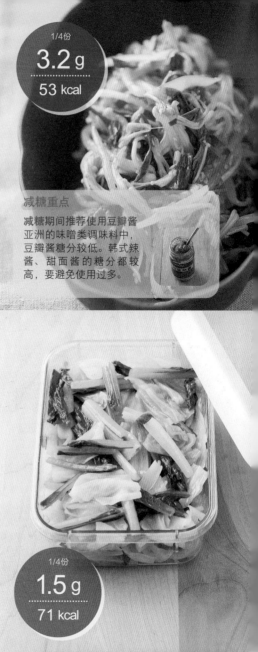

1/4份
**3.2 g**
53 kcal

**减糖重点**
减糖期间推荐使用豆瓣酱
亚洲的味噌类调味料中，
豆瓣酱糖分较低。韩式辣
酱、甜面酱的糖分都较
高，要避免使用过多。

---

蔬菜焯水后留下清脆的口感

# 凉拌小松菜圆白菜

保存
冷藏
3 天

**材料（易做的量）**
小松菜…1把
圆白菜…4～5片

A 香油…2大勺
盐…2/3小勺
胡椒…少许

**做法**
1 小松菜切成4cm长的段，圆白菜切成适口大小。
2 在沸水中加少许盐（材料外），将步骤1的材料焯水后沥干。
3 在碗中将材料A混合均匀，放入蔬菜搅拌。

1/4份
**1.5 g**
71 kcal

---

将菠菜做成奶油味

# 奶油菠菜

保存
冷藏
1 周

**材料（易做的量）**
菠菜…400g
黄油…20g
面粉…3大勺
牛奶…1/2杯
芝士粉…1大勺
鲜奶油…2大勺
盐…2/3小勺
胡椒…少许

**做法**
1 菠菜加少许盐（材料外）后焯水，充分拧干后切成5mm长的段。
2 在平底锅中化开黄油，翻炒菠菜。黄油均匀裹在菠菜上后加面粉迅速翻炒，加入牛奶，继续翻炒混合。
3 加盐、胡椒、芝士粉调味，最后淋鲜奶油。

适合搭配烤
鱼、烤肉，
直接食用同
样美味。

1/4份
**6.8 g**
139 kcal

1/4份
2.7 g
79 kcal

咸海带的味道
成为亮点

保存
冷藏
3 天

# 白芝麻豆腐拌扁豆

材料（易做的量）
扁豆…150g
木棉豆腐…150g
A｜咸海带…15g
　｜白芝麻末…2大勺
　｜生抽、香油…
　｜各1小勺

做法
1 扁豆去蒂，切成3等份。加少许盐（材料外），用热水焯1分钟左右，捞出后冷却。
2 用重物压住豆腐，静置15分钟，充分沥干后放入碗中。
3 用叉子将豆腐捣碎，加材料A混合，加扁豆搅拌均匀。

推荐用白葡萄酒调味，
糖分更低

保存
冷藏
4 天

# 腌大葱

材料（易做的量）
大葱…500g（净重）
月桂叶…1片
红辣椒…1根
白葡萄酒…1/4杯
白葡萄酒醋…2大勺
盐…2/3小勺
黑胡椒碎…少许
橄榄油…2大勺

做法
1 大葱切成4cm长的段。
2 平底锅中倒入橄榄油加热，放入葱段边翻转边煎至焦黄。加入月桂叶、红辣椒、白葡萄酒后盖上盖子，小火煮5分钟左右。煮熟后加入白葡萄酒醋、盐、黑胡椒碎。

1/4份
7.7 g
109 kcal

蜂蜜让味道
更加浓郁

保存
冷藏
3 天

# 腌制烤芦笋

材料（易做的量）
芦笋…10根
A｜橄榄油…180mL
　｜醋…2大勺
　｜蜂蜜…2大勺
　｜芥末粒…4小勺
　｜盐…1⅓小勺
　｜胡椒…少许

做法
1 芦笋切掉根部坚硬的部分，切成两段后摆在烧热的烤网上大火烤，注意翻面。烤4分钟左右，让芦笋变成均匀的焦黄色。
2 混合材料A，趁热放入芦笋腌制入味。

1/4份
5.5 g
216 kcal

用菜花代替土豆更健康

# 德式炒菜花

材料（易做的量）
菜花…200g
扁豆…10根
香肠…4根
A│蒜末…少许
 │芥末粒、
 │蛋黄酱…各1大勺
 │盐、胡椒…各少许
橄榄油…1/2大勺

做法
1 菜花分成小朵，扁豆切成4段，香肠切小块。
2 平底锅中倒入橄榄油加热，迅速翻炒步骤1的食材，加2大勺水，盖上盖子，小火煮7分钟。
3 加入混合均匀的材料A，迅速翻炒。

1/4份
3.2 g
128 kcal

使用寿司醋，调味简单

# 咖喱风味
# 醋烹菜花

材料（易做的量）
菜花…净重300g
A│水…2杯
 │寿司醋
 │（市售）…4大勺
 │咖喱粉…1大勺

做法
1 菜花分成小朵。
2 在不锈钢或珐琅锅里加材料A煮沸，放入菜花煮1分钟左右，注意搅拌。

## 减糖重点

含糖量低的菜花富含维生素C
菜花不仅低糖，而且富含维生素C，能缓解疲劳和压力。有嚼劲，容易让人获得满足感。

1/4份
3.2 g
30 kcal

享受虾肉富有弹性的口感

# 味噌蛋黄酱
# 西蓝花虾肉沙拉

材料（易做的量，约4人份）
虾…200g
西蓝花…1/2个
洋葱…1/2个
盐…少许
A│味噌、蛋黄酱…各2大勺
 │味醂…1大勺

做法
1 虾去虾线，加少许醋（材料外）后焯熟，放在汤汁中冷却，去壳。
2 西蓝花分成小朵，加少许盐（材料外）后焯熟。洋葱切片，撒盐，变软后揉搓，迅速洗净，挤干水分。
3 将步骤1和步骤2的材料放入碗中，加入混合均匀的材料A搅拌。

1/4份
5.8 g
130 kcal

香油和醋的绝妙组合

冷藏 **3** 天 保存

# 胡椒拌芜菁

**1/4份**

**3.6 g**

41 kcal

### 材料（易做的量）
芜菁…8小个
盐…2小勺
A｜醋…4小勺
　｜香油…2小勺
　｜盐、黑胡椒碎…
　｜各少许

### 做法
1 芜菁留下约2cm的茎部，去掉叶子，切成5mm厚的半圆形薄片。
2 盐放入两杯水中化开，涂在芜菁上，待其充分吸收盐分后拧干水分。
3 在碗中混合材料A，加入芜菁搅拌。

**减糖重点**

**生芜菁口感极佳**
芜菁含糖量低，口感清脆，可以增加咀嚼次数，容易获得满足感。

---

富含铁的羊栖菜能预防贫血

冷藏 **3** 天 保存

# 酸奶羊栖菜沙拉

**1/4份**

**5.3 g**

92 kcal

### 材料（易做的量）
羊栖菜…30g
原味酸奶
（无糖）…300g
紫苏腌茄子
黄瓜末…60g
A｜蒜末…少许
　｜柠檬汁…2小勺
　｜盐、胡椒…各少许
橄榄油…1大勺

### 做法
1 将酸奶倒入铺着厚纸巾的滤网中，静置20分钟，沥水。
2 羊栖菜用水泡开后沥干。平底锅中倒入橄榄油加热，翻炒羊栖菜至水分蒸发后冷却。
3 将酸奶放入碗中，混合紫苏腌茄子黄瓜末和羊栖菜，加材料A搅拌均匀。

---

味道清爽的小菜

冷藏 **1** 周 保存

# 凉拌圆白菜丝

**1/4份**

**3.0 g**

49 kcal

### 材料（易做的量）
圆白菜…200g
黄瓜…1/2根
胡萝卜、洋葱…各20g
盐…1/2小勺
A｜醋、色拉油…
　｜各1大勺
　｜白砂糖…1/2小勺
　｜胡椒…少许

### 做法
1 圆白菜切丝，黄瓜、胡萝卜切成3cm长的丝，洋葱切片。
2 将洋葱和盐放入碗中，揉搓入味。依次加入胡萝卜、黄瓜、圆白菜，揉搓、搅拌后加材料A混合均匀。

生白菜的清脆口感令人着迷

# 蛋黄酱白菜沙拉

保存
冷藏
3 天

**材料（易做的量）**
白菜…300g
A 蛋黄酱…4大勺
芥末粒…4小勺
酱油…2小勺

**做法**
1 白菜切成1～1.5cm厚的片，用冷水浸泡五六分钟，放在滤网上擦干水分。
2 将材料A混合，加入白菜搅拌均匀。

**制作重点**
**用冷水浸泡白菜，口感更脆**
白菜先用冷水浸泡，口感更脆。为了让调料充分入味，搅拌前要充分擦干水分。

1/4份
**2.9 g**
109 kcal

姜和海带味道可口

# 腌整黄瓜

保存
冷藏
3 天

**材料（易做的量）**
黄瓜…5根
姜丝…10g
海带…1块（6cm见方）
盐…适量
A 盐…1小勺
水…1杯
酱油、味醂…各1大勺

**做法**
1 黄瓜切掉两头，用水润湿后放在案板上，多撒些盐。在案板上摩擦到盐粒变成绿色，用水冲洗后擦干。
2 将材料A倒入锅中煮沸后关火。加海带、姜丝和黄瓜，腌2小时以上。

可以斜刀切片后和姜丝一起装盘。

**减糖重点**

**使用一整根黄瓜**
黄瓜低糖、低热量，整根腌制能带来强烈的满足感。加入姜丝后味道更好，还有杀菌效果。

1根
**3.3 g**
22 kcal

黄瓜充分入味

# 榨菜拌黄瓜

保存
冷藏
1 周

**材料（2人份）**
黄瓜…1根
大葱…3cm
榨菜…15g
虾仁…4只
盐…1/5小勺
香油…1/2小勺

**做法**
1 黄瓜切掉两头，用擀面杖拍碎，切成适口大小。
2 大葱、榨菜、虾仁切丁。
3 将黄瓜、盐放入碗中混合，加入其他材料拌匀。

1人份
**1.2 g**
20 kcal

含糖量低的金枪鱼让味道更浓郁

# 咖喱白萝卜干
# 炒金枪鱼沙拉

**1人份**
8.6 g
118 kcal

材料（2人份）
白萝卜干…30g
金枪鱼罐头
（水煮）…1小罐
小葱…5根
咖喱粉…1小勺
A 酱油…1小勺
　番茄酱…1/2小勺
　盐、胡椒…各少许
色拉油…2小勺
※ 如果使用油腌金枪鱼罐
头，要倒掉汤汁后使用。

做法
1 洗净白萝卜干，用水浸
泡5分钟左右后拧干。小
葱切成3cm长的段。
2 平底锅中倒入色拉油加
热，加入步骤1的材料、金
枪鱼罐头（连汤汁）混合
均匀。加入咖喱粉翻炒入
味后加材料A调味。

用奶油芝士让清淡的芹菜味道更丰富

# 奶油芝士拌芹菜
# 金枪鱼

**1/4份**
1.8 g
229 kcal

**减糖重点**

用含糖量低的食材做出浓郁的味道
芹菜直接食用会觉得味道清淡，可以加
入低糖且味道浓郁的金枪鱼和奶油芝士。

材料（易做的量）
芹菜…2根
金枪鱼罐头
（水煮）…1罐（70g）
奶油芝士…100g
盐…适量
胡椒…少许

做法
1芹菜茎切薄片，叶子切碎，
撒1/2小勺盐轻轻揉搓，拧
干水分。
2 奶油芝士放至室温，与金
枪鱼和步骤1的材料搅拌均
匀，用少许盐和胡椒调味。
可根据个人口味撒甜椒粉。

烤甜椒味道温和

# 烤甜椒腌金枪鱼

材料（易做的量）
红甜椒…1个
金枪鱼罐头…1罐（80g）
A 盐…1/4小勺
　黑胡椒碎…少许
　柠檬汁…1/2个柠檬

做法
1 红甜椒纵向切成4等份。
2 加热烤鱼架（或烤网），
将红甜椒大火烤至双面
微微变色。散热后切成约
7mm宽的条。
3 金枪鱼罐头连汤汁一
起倒入碗中，加材料A混
合，加入红甜椒搅拌均
匀。

**1/2份**
6.1 g
138 kcal

既下饭又下酒的小菜

# 棒棒鸡沙拉

材料（1盘，约4人份）
鸡柳…2根（150g）
黄瓜…2根
豆芽…1/2袋
盐…少许
A 盐…少许
　清酒…1大勺
B 蒜…1/4瓣
　姜…5g
　大葱…5cm
C 白芝麻末…2大勺
　盐…1/4小勺
　醋、酱油…各1小勺
　豆瓣酱…1/4小勺

做法
1 将鸡柳和材料A放入锅中，倒水没过食材后煮沸，调小火，盖上盖子煮5分钟左右，翻面再煮1分钟。关火冷却后撕成条。
2 黄瓜切丝，撒盐腌制。用手揉搓后冲洗，拧干。豆芽去根，加少许醋（材料外），焯水后沥干，倒回锅中干烧至水分蒸发。
3 将材料B全部切碎，加入材料C搅匀，加入鸡柳、黄瓜和豆芽搅拌均匀。

1/4份
2.4 g
108 kcal

鸡柳和梅肉的味道让人停不下筷子

# 鸡柳凉拌梅肉沙拉

材料
（易做的量，4人份）
鸡柳…5根（250g）
小松菜…1把
金针菇…1袋
蟹味菇…1大袋
A 梅肉…10g
　蘸面汁（3倍浓缩）、
　香油…各1大勺
　盐…1/3小勺
　高汤…1/3杯

做法
1 金针菇去根后撕开，蟹味菇去根后分成小朵。
2 将材料A混合均匀。
3 沸水中加少许盐（材料外），放入鸡柳，用中小火煮3分钟左右。冷却后撕成条。小松菜焯熟后过冷水，拧干后切成5cm长的段。金针菇和蟹味菇焯熟后捞出，冷却。
4 将步骤3的材料和调味料拌匀。

1/4份
3.1 g
122 kcal

用豆腐渣代替含糖量高的土豆

# 豆腐渣版土豆沙拉

材料（2人份）
豆腐渣…100g
黄瓜…1/2根
火腿…2片
煮鸡蛋…1个
A 蛋黄酱…4大勺
　芥末…1/5小勺
　盐、胡椒…各少许
盐…少许

做法
1 用平底锅干烧豆腐渣，水分蒸发后冷却。
2 黄瓜切丁，撒盐腌制后拧干水分。火腿切成两半后切丝，煮鸡蛋切丁。
3 将豆腐渣和材料A混合，加步骤2的材料拌匀。

1人份
3.3 g
307 kcal

# 含糖量检查表

一目了然地看出什么样的食材适合减糖。
请均衡使用各种食材，实现减糖瘦身。

## 低糖食材 ✓

| 肉类 | 牛肉、鸡肉、猪肉、羊肉、肉类加工品（香肠、培根、酱牛肉等） |
|---|---|
| 海鲜 | 鱼类、贝类、水煮罐头、虾、鱿鱼、墨鱼、螃蟹、海藻类 |
| 蛋 | 鸡蛋、鹌鹑蛋 |
| 豆类、豆制品 | 豆腐、油豆腐片、油豆腐块、纳豆、黄豆（水煮）、豆腐渣、豆腐皮、豆奶（无添加） |
| 乳制品 | 酸奶、芝士、黄油、鲜奶油 |
| 蔬菜 | 绿叶菜、豆芽、秋葵、黄瓜、茄子、荷兰豆、扁豆、毛豆、绿紫苏、姜、大葱、蒜、萝卜苗、竹笋、牛蒡、白萝卜、白菜、苦瓜、西蓝花、菜花、芦笋、西葫芦、菌类、蜂斗菜 |
| 薯类 | 魔芋、山药（生） |
| 种子 | 坚果、芝麻、核桃、松子 |
| 调味料 | 盐、胡椒、酱油、味噌、醋、蛋黄酱、葡萄酒醋、黑葡萄醋、芥末、香料、橄榄油、黄油、猪油、香油、色拉油、辣椒油 |
| 酒饮 | 烧酒、葡萄酒、伏特加、威士忌、金酒、白兰地、朗姆酒、咖啡、红茶 |

## 高糖食材 ✗

| 肉类 | 甜味肉罐头 |
|---|---|
| 海鲜 | 甜味海鲜罐头、鱼糕、鱼肉山芋饼、鱼丸 |
| 蔬菜 | 薯类（包括粉丝、土豆粉）、莲藕等根菜、玉米、南瓜、甘蔗 |
| 谷类 | 大米、小麦、荞麦、米粉、麦片 |
| 调味料 | 白砂糖、番茄沙司、伍斯特郡酱、中浓酱汁、蘸面汁、料酒、味醂、甜辣酱、酱烤味噌、烤肉酱、咖喱、奶油浓汤酱 |
| 酒饮 | 清酒、啤酒、绍兴酒、梅子酒 |
| 点心 | 甜点、甜零食、所有大米做的点心 |

## 可适当食用 △

| 食材 | 牛奶、咸鳕鱼子、甜椒、青椒、圆白菜、番茄、洋葱、胡萝卜、泡菜、所有水果 |
|---|---|
| 调味料 | 豆瓣酱、法式沙拉调味料、番茄酱、蚝油、韩式辣酱、清高汤 |

# Part 2

随意组合，
将含糖量控制
在20g以下！

## 自由组合
# 快手减糖料理

很多人会为每天吃什么而烦恼，减糖期间更是如此。
计算含糖量很麻烦，食材又受限，所以菜谱变得千篇一律。
本章中介绍的料理无须计算含糖量，请尽情享用。

随意组合，总含糖量在20g以下的

# 减糖料理方案

大家每天都会为吃什么而烦恼，减糖期间更是如此，通常饮食会变得千篇一律。另外，大多数人没办法准确计算每道菜的含糖量。

使用本章中的料理，只需要选好主菜、配菜和汤，就能很好地控制糖分摄入。

只要自行调整米饭食用量，就能和家人一起享用分量十足又营养丰富的花样料理。

掌握基本的组合方式，无须计算，就能完成一桌含糖量低于20g的料理。

## 配菜1

### 蔬菜、菌类、海藻做成的料理

从P102～P109的料理中选择一种

含糖量低于5g

配菜要搭配主菜选择，有意识地选择用富含膳食纤维的蔬菜、菌类和海藻做成的料理。每道菜的含糖量都不超过5g，尽情享用也没问题。

## 主菜

### 肉、鱼、蛋、豆腐做成的料理

从P80～P101的料理中选择一种

含糖量低于10g

首先选择主菜。要充分摄取肉、鱼、蛋等动物蛋白和豆腐等豆制品中含有的植物蛋白，每道菜的含糖量都不超过10g，请放心选择。

## 配菜2或汤

### 蔬菜、菌类、海藻做成的料理、汤

从P102～P109或P110～P117的料理中选择一种

含糖量低于5g

配菜可选择一两道。如果其中一道是蔬菜，那么另一道就可以选择用菌类或海藻做成的配菜。另外，汤能提高满足感，推荐选择。

1 以富含蛋白质的料理和蔬菜为主。

2 尽量减少碳水化合物，米饭的量要适当减少。

3 按照蔬菜（膳食纤维）→肉、鱼（蛋白质）→碳水化合物（糖类）的顺序食用，最后吃碳水化合物能够降低吸收率。

4 糙米饭比白米饭更适合减重人群。

使用糙米，减糖效果更佳！

**急速减糖套餐**

刚开始的几天里，或想严格减重的人，每天摄入的糖类不超过 60g

含糖量
**0 g**
0 kcal

推荐在最开始的几天里严格控制碳水化合物，不仅效果更好，而且能让身体习惯减糖饮食，更加轻松地长期坚持下去。

100g米饭

**轻松减糖套餐**

想要长期坚持、保持效果的人，每天摄入的糖类不超过 100g

含糖量
**36.8 g**
168 kcal

可轻松地长期坚持，效果最好的减肥方法。先吃菜，再吃少量米饭，能得到充分的满足感。

120g米饭

**八分饱减糖套餐**

想要长期坚持或维持现状的人，每天摄入的糖类不超过 180g

含糖量
**44.1 g**
202 kcal

一碗米饭约为150g，只吃120g能实现减糖、减热量。适合想要长期坚持减糖的人，以及瘦下来之后想要维持现状的人。

用橄榄油和芥末酱油调出美味酱汁

# 涮牛肉沙拉

材料（2人份）
牛肉片…150g
水菜…50g
鸭儿芹…20g
绿紫苏…5片
大葱…1/4根
A 芥末…1/2小勺
酱油、橄榄油、
柠檬汁…各2小勺

做法
1 用70℃左右的热水涮牛肉片，
然后过冷水。
2 水菜、鸭儿芹切成4cm长的
段，绿紫苏切丝，葱白切丝，混
合后在冷水中浸泡，沥干水分。
3 将步骤2的材料铺在盘子里，
放牛肉片，淋混合均匀的材料A。

减糖重点

加入足量蔬菜，营养
均衡
牛肉含糖量低，含有
优质蛋白，而且铁含
量丰富，非常适合减
糖期间食用。与足量
蔬菜搭配后营养均
衡，口感更佳。

酸味的调味汁与鲜美的牛肉是绝配

# 酸辣牛肉

材料（2人份）
牛腿肉片…100g
芹菜、大葱…各1/2根
青椒…1个
红辣椒…1/2根
A｜ 醋…1/6杯
　　香油、酱油…各1大勺
　　蚝油…1/2小勺
盐、胡椒…各少许

做法
1 芹菜去筋，切成5cm长的丝，大葱切成同样长短的丝。青椒去蒂、去籽后纵向切丝，红辣椒去籽后切小段。
2 在碗中混合材料A，放入步骤1的食材浸泡。
3 牛腿肉片切成约5cm宽的条，撒盐和胡椒。在沸水中加少许料酒（材料外），将牛肉片迅速汆烫后捞出沥干，趁热倒在步骤2的食材上。

1人份
**3.7 g**
186 kcal

1人份
**4.4 g**
288 kcal

只需简单烤制，轻松而丰盛

# 色子牛排

材料（2人份）
牛瘦肉（牛排用，1.5～2cm厚）…200g
蒜（切片）…1/2瓣
A｜ 盐…1/4小勺
　　黑胡椒碎…少许
B｜ 白萝卜末
　　（加适量酱油）…1/4杯
　　芥末、柠檬…各少许
橄榄油…1/2大勺
色拉油…1大勺
茄子…1½个

做法
1 轻轻拍打牛肉后淋橄榄油，室温静置30分钟左右腌制。
2 平底锅中倒入1/2大勺色拉油加热，小火将蒜翻炒变脆后取出。
3 茄子纵向切成5mm厚的片，用盐水（材料外）浸泡5分钟左右。擦干后淋1/2大勺色拉油，用平底锅烧至焦黄。
4 在牛肉上撒材料A，用平底锅每面煎1.5～2分钟。用铝箔纸包好，静置5分钟左右，切成适口大小。装盘后放蒜，搭配茄子和材料B。

浓郁甜香的椰奶让口感更加醇厚

# 椰奶咖喱炖鸡

材料（易做的量）
鸡腿肉…2块
西蓝花…200g
红甜椒…1个
蒜…1瓣
红辣椒…1根
鸡架高汤、
椰奶…各1杯
咖喱粉…2小勺
鱼露…1大勺
盐…1/2小勺
黑胡椒碎…适量
橄榄油…1大勺

做法
1 鸡腿肉切成适口大小，撒盐和黑胡椒碎。
2 西蓝花分成小朵，红甜椒切成4块后横向切成2cm的条。
3 锅中倒入橄榄油，放入纵向切成两半的蒜和红辣椒，炒出香味后加鸡腿肉翻炒至表面变色，加步骤2的材料翻炒。加入鸡架高汤、椰奶和咖喱粉后煮5分钟左右，用鱼露、黑胡椒碎调味。

**减糖重点**

低糖且味道醇厚的椰奶
椰奶比牛奶含糖量更低，带有微微的甜味，质感浓稠，能提高满足感。

1/4份
**5.2 g**
364 kcal

炸鸡配足量葱白，味道可口

# 油淋鸡

材料（2人份）
鸡腿肉…1/2块
大葱…1根
A| 蒜末、姜末…
　 各1/2小勺
　 白砂糖、
　 辣椒油…各1/2小勺
　 醋…1/3大勺
　 酱油…1/2大勺
　 香油…1小勺
色拉油、香菜…
各适量

做法
1 鸡腿肉切成4块。将材料A混合均匀，做成酱汁。
2 大葱切成约5cm长的段，纵向划开后去芯，切丝，将葱白部分用水浸泡后沥干。
3 用170℃的油将鸡腿肉炸透。
4 在盘中铺好葱丝，鸡腿肉装盘，淋酱汁，搭配香菜。

1人份
**4.0 g**
205 kcal

鲜香带骨的鸡翅能提升满足感

# 香料烧鸡翅

材料（2人份）
鸡翅…6根
盐…1/4小勺
胡椒…少许
A 伍斯特郡酱…2大勺
  咖喱粉…1/6小勺
  酱油…1小勺
  蒜末…1/4瓣的量
  一味唐辛子…少许

做法

1 鸡翅洗净，擦干水分后从背面划开，稍撑开后涂盐和胡椒。将材料A和鸡翅一起装进保鲜袋中，抽出空气，扎紧袋口，腌制30分钟。

2 在烤鱼架上摆好鸡翅，双面大火烤10分钟，中途注意涂抹剩余酱汁。装盘，可搭配绿叶菜等。

1人份
**5.3 g**
182 kcal

### 减糖重点
用刀划开
用刀将鸡翅纵向划开，更容易烤熟和入味，方便食用。在烤架上烤鸡翅时，不用油更健康。

---

肉馅充分入味，无须酱料依然美味

# 咖喱青椒包肉

材料（2人份）
青椒…2个
红甜椒…1个
A 鸡肉馅…200g
  咖喱粉…1/2大勺
  盐…1/3小勺
  水…1大勺
洋葱…1/4个
面粉…少许
色拉油…1/2大勺
酸奶油（或原味酸奶）…适量

做法

1 青椒、红甜椒纵向切成两半，去籽。

2 洋葱切碎，在碗中和材料A混合后充分搅拌，分成6等份。

3 在青椒和红甜椒内侧撒薄薄一层过筛的面粉，填入馅料。

4 平底锅中倒入色拉油加热，馅料朝下放入青椒和红甜椒，煎至变色。翻面后盖上盖子，小火焖三四分钟，装盘，放酸奶油。

1人份
**8.1 g**
256 kcal

### 减糖重点
咖喱粉让鸡肉馅充分入味
鸡肉馅低糖又健康，放入咖喱粉后能提高满足感，无须其他调味料，能达到减糖的效果。

**1人份**
**7.8 g**
294 kcal

用番茄酱炖煮，味道鲜美醇厚

# 炖豆腐汉堡排

**材料（2人份）**
混合肉馅…150g
木棉豆腐…1/2块
（150g）
洋葱末…1/4个的量
蛋液…1/2个的量
A｜番茄酱…1/2杯
　｜水…1杯
　｜月桂叶…1片
　｜酱油…1小勺
　｜浓汤宝颗粒
　｜（清汤）…1/2小勺
盐、胡椒…各适量
色拉油…1小勺
欧芹末…适量

**做法**
1 用重物压住豆腐，充分挤出水分。
2 将豆腐、混合肉馅、洋葱末、蛋液、盐、胡椒放入碗中搅拌均匀，分成2等份，揉成圆饼。
3 平底锅中倒入色拉油加热，将肉饼双面煎至变色后加材料A，煮5分钟左右。
4 用盐、胡椒调味，装盘后撒欧芹末。

### 减糖重点
**用番茄酱控糖**
番茄酱是番茄炖煮后浓缩而成，比加入白砂糖等调味料的番茄沙司含糖量低。如果要做番茄味的料理，建议使用番茄酱。

### 减糖重点
使用低糖的茄子和肉馅
将茄子皮铺在平底锅中，放好肉馅后焖。用少许油烹饪含糖量低的食材，既能减糖，也能控制热量。

肉馅紧实、有嚼劲

# 肉末茄子饼

**材料（2人份）**
混合肉馅…150g
茄子…4个
A｜洋葱末…1/4个的量
　｜蒜末…少许
　｜蛋黄酱…1大勺
　｜酱油…1/2大勺
　｜盐…1/2小勺
　｜胡椒…少许
色拉油…1小勺
水芹…适量

**做法**
1 茄子去蒂，纵向切成两半后摆在耐热盘中，盖上保鲜膜，用微波炉加热4分钟。
2 散热后用勺子挖出肉，小心不要弄破外皮，茄肉切碎后挤干水分。
3 将茄肉和材料A放进碗中充分搅拌，加入肉馅混合均匀。
4 在平底锅中（直径16~20cm）涂色拉油，铺茄子皮，放入茄肉抹平。盖上盖子，小火焖六七分钟。翻面后稍微调大火候，再焖六七分钟。用牙签扎透，留出清澈的汤汁后关火，切成方便食用的大小，装盘，搭配水芹。

**1人份**
**6.7 g**
272 kcal

味道鲜美的五花肉和蛤蜊，让人停不了口

# 葡式蒸五花肉和蛤蜊

材料（2人份）
猪五花肉片…100g
蛤蜊（去沙）…150g
金针菇…20g
洋葱片…40g
蒜（切片）…1/4瓣
圣女果…8个
盐、胡椒…各适量
白葡萄酒…2大勺
柠檬…适量
意大利香芹…少许

做法
1 猪五花肉片切成适口大小，金针菇去根后切成两半，撕开。圣女果去蒂。
2 将肉片放进碗中，撒少许盐和胡椒，淋白葡萄酒后揉搓。
3 铺开两片30cm见方的厚纸巾，对折成三角形，压出折痕后展开，角对着身体，折痕横放，依次将洋葱片、蒜、金针菇铺在上面，肉片沥干后在每张纸巾上放一片，放蛤蜊、圣女果，撒少许盐和胡椒，淋肉汁。
4 将厚纸巾的对角对齐，折好后两端拧好封口。放在耐热盘上，用微波炉加热6分钟。装盘，配柠檬和意大利香芹。

1人份
5.3 g
240 kcal

制作重点

纸巾要封好口
纸巾折好后两边拧紧，封好口，避免破裂或散口，保证食材蒸熟。

搭配圆白菜和黄瓜，营养均衡

# 姜汁烧猪肉

材料（易做的量）
猪肉碎…400g
洋葱…1个
盐…1/2小勺
胡椒…少许
白葡萄酒…1/4杯
A｜酱油…2大勺
　｜姜汁…1大勺
色拉油…1大勺

做法
1 在猪肉碎上撒盐、胡椒，洋葱切片。
2 平底锅中倒入色拉油加热，将猪肉碎翻炒变色后加洋葱迅速翻炒。
3 加入白葡萄酒，酒精挥发后加材料A搅拌均匀。装盘，根据个人口味搭配圆白菜丝和黄瓜片。

减糖重点

用白葡萄酒增添风味
1大勺白葡萄酒的含糖量是0.3g，不到日本酒的一半，减糖期间可以使用白葡萄酒控制糖分，选择性价比高的酒即可。

1/4份
4.5 g
347 kcal

调味简单，散发着香油香味的麻辣小菜

# 泡菜炒肉片配葱丝

1人份
2.9 g
166 kcal

**材料（2人份）**
猪肉片…100g
白菜泡菜、
黄豆芽…各50g
韭菜…1/2把
大葱…1/4根
姜末…1/2块的量
酱油…1/2～1大勺
炒白芝麻…1/2大勺
香油…1/2大勺

**做法**
1 猪肉片、白菜泡菜、韭菜分别切成约4cm宽的条。黄豆芽去根，大葱切成约4cm长的段，葱白部分切丝。
2 平底锅加热，倒入香油，大火将姜末炒出香味后加入猪肉片翻炒变色，加入黄豆芽、韭菜、葱段迅速翻炒。
3 炒熟后在锅壁上倒酱油，继续翻炒。加入白菜泡菜混合均匀，装盘，撒炒白芝麻，放上葱丝。

外层包裹的芝士粉味道可口

# 芝士嫩煎里脊

**材料（2人份）**
猪里脊肉
（炸猪排用）…100g
A 芝士粉…1/2大勺
  鸡蛋…1/2个
  面粉…1大勺
  水…1大勺
盐、胡椒…各少许
色拉油…少许
欧芹末、水萝卜…
各适量

**做法**
1 猪里脊肉去筋，切成适口大小，撒盐、胡椒和一层薄薄的面粉（材料外）。
2 在碗中打入鸡蛋，加入材料A中的其他食材。
3 平底锅中倒入色拉油加热，将蛋液淋在猪里脊肉上，将肉摆在锅中，中小火煎，注意翻面，煎好后装盘，撒欧芹末，配水萝卜和喜欢的酱汁。

1人份
3.8 g
201 kcal

**减糖重点**

里脊肉口感劲道
使用猪肉、芝士、鸡蛋等低糖食材做成，炸猪排用的猪肉较厚，口感劲道，能提升满足感。

肉味渗透到下层的茄子里

# 味噌风味茄子蒸肉

材料（2人份）
猪五花肉片…100g
茄子…4个
A｜味噌…30g
　｜料酒…1大勺
　｜姜末…1/2小勺
　｜香油…1/2大勺
胡椒…少许
小葱段…1～2根的量

做法
1 猪五花肉片切成约3cm宽的条。将材料A依次倒入碗中混合均匀，加肉片搅拌。
2 茄子切成1.5cm厚的圆片。
3 将茄子摆在蒸箱用的盘子中，盖上肉片，撒胡椒，放入蒸箱中蒸12～15分钟。装盘，撒小葱段。

1人份
7.4 g
291 kcal

酥脆的五花肉和大葱是绝配

# 黑胡椒葱煎五花肉

材料（2人份）
猪五花肉片…100g
大葱…1根
盐…适量
黑胡椒碎…少许

做法
1 猪五花肉片切成适口大小，撒少许盐。大葱切成6cm长的段，纵向切成两半。
2 平底锅中不放油，放入肉片煎至酥脆，中途用厨房用纸擦去多余油脂，加入大葱煎至变色。
3 用盐、黑胡椒调味，装盘，根据个人口味淋辣椒油。

减糖重点

能衬托出食材美味的调味法
调味简单，只使用盐和黑胡椒碎，不增加多余的糖。利用猪五花肉的油脂煎烤，还能控制热量，更加健康。

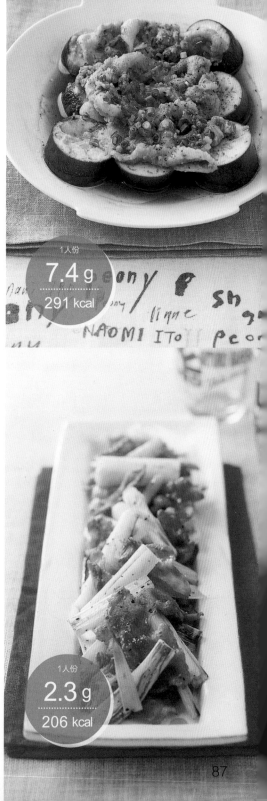

1人份
2.3 g
206 kcal

铁含量丰富的肝脏搭配足量蔬菜

# 韭菜炒鸡肝

材料（2人份）
鸡肝…150g
韭菜…100g
豆芽…200g
蒜…1瓣
姜…1块
红辣椒…1根
A | 酱油…2小勺
味噌…1小勺
鸡架高汤…1/4杯
盐、胡椒…各少许
香油…2小勺

做法
1 鸡肝切成方便食用的大小，洗净、去腥。豆芽去根，韭菜切成4cm长的段。
2 蒜、姜切碎，红辣椒去籽。
3 平底锅中倒入香油，将步骤2的材料炒出香味后加入鸡肝翻炒熟，加入豆芽和韭菜迅速翻炒，用材料A调味。

1人份
**4.5**g
166 kcal

1人份
**1.1**g
254 kcal

调味简单，柚子胡椒的味道突出

# 盐烤羊肉配柚子胡椒

材料（2人份）
羊排…4根
A | 蒜（切片）…1/2瓣
迷迭香
（或百里香）…少许
橄榄油…1/2大勺
盐…1/4小勺
胡椒…少许
水芹…1/2把
柚子胡椒…少许

做法
1 羊排去掉多余脂肪，用材料A调味后静置10～20分钟，撒盐、胡椒。
2 加热平底锅，放入羊排，双面各煎两三分钟。
3 将水芹和羊排装盘，搭配柚子胡椒。

## 减糖重点

羊肉低糖且营养价值高，适合减重。100g羊肉中仅仅含有0.2g糖，是超低糖食材。另外，羊肉的热量低，富含不饱和脂肪酸，能降低胆固醇。

主菜·海鲜

1人份
3.6 g
208 kcal

使用切好的鱼块，享受鱼的鲜美

# 意式水煮鱼

材料（2人份）
白肉鱼块（鳕鱼、鲷鱼等）…2块
蛤蜊（带壳）…100g
杏鲍菇…1根
西蓝花…100g
西葫芦…1/2根
蒜…1瓣
迷迭香、百里香等香草…2根
白葡萄酒…80mL
盐、黑胡椒碎…各适量

做法
1 鱼块上撒少许盐和黑胡椒碎。蛤蜊用盐水浸泡，洗净。
2 蒜切片，杏鲍菇切成方便食用的大小，西蓝花分成小朵，西葫芦切成1cm厚的圆片。
3 将步骤1和步骤2的食材放入平底锅，撒1/3小勺盐、少许黑胡椒碎，放香草，淋白葡萄酒，盖上盖子蒸5分钟左右。

**减糖重点**

调味方式充分发挥了食材的鲜美
含糖量低的白肉鱼和蛤蜊搭配足量蔬菜，是一道丰富的料理。调味用到的香草、白葡萄酒、盐和胡椒含糖量都不高。

不用面粉，靠黄油做出浓郁的味道

# 法式炙烤三文鱼配柠檬黄油酱汁

**材料（2人份）**
三文鱼…2块
芦笋…4根
盐…1/4小勺
胡椒…少许
橄榄油…1小勺
黄油…2大勺
柠檬汁…1小勺
欧芹末…1/2小勺
柠檬…2片
百里香…2根

**做法**
1 芦笋切掉坚硬的部分，去皮后切成两半。三文鱼上撒盐和胡椒。
2 平底锅中倒入橄榄油加热，将三文鱼皮烤好后翻面，中小火煎烤。装盘，配柠檬片。
3 洗净平底锅，放黄油，将芦笋煎到焦黄后加入柠檬汁、欧芹末拌匀，放在三文鱼上，用百里香装饰。

**减糖重点**

虾青素有抗老化功效
三文鱼不仅是超低糖食材，而且富含抗老化作用的虾青素，既能减肥又能美容。

使用香油和足量大葱，香气四溢

# 盐烤多线鱼配大葱酸橙

**材料（4人份）**
多线鱼干…1大片
（400g）
酸橙…1个
大葱…1/2根
A 香油…1/2大勺
　 盐…少许
一味唐辛子…少许
炒白芝麻…1小勺

**做法**
1 酸橙切片。开大火预热烤鱼架（双面），放多线鱼干烤10～12分钟，烤至酥脆。
2 大葱斜切薄片，加材料A拌匀。
3 多线鱼装盘，放酸橙、大葱，撒炒白芝麻、一味唐辛子。

**减糖重点**

放香油后风味更佳
调味是简单的咸味，能突出多线鱼的鲜美，还能控糖。加入含糖量为零的香油增加风味，能提高满足感。

适合招待客人，色彩鲜艳的小菜

# 法式奶油旗鱼

材料（4人份）
旗鱼…4块
A| 洋葱（小，
    切片）…1/2个
    红甜椒（小，
    切丝）…1个
    胡萝卜（小，
    切丝）…1/2根
    扁豆（切2段）…
    100g
酸黄瓜（切丝）…3根
盐、胡椒…各适量
白葡萄酒…3大勺
B| 固体浓汤宝…1/4个
    热水…1/4杯
鲜奶油…1杯
面粉…适量
橄榄油…1大勺

做法
1 将材料A放入沸水中煮软，捞出放在滤网上。在旗鱼上撒少许盐和胡椒，静置10分钟左右，擦干水分后撒薄薄一层面粉。
2 擦净平底锅，倒橄榄油加热后放入旗鱼，双面煎烤。加入白葡萄酒煮沸，让酒精挥发。
3 加入混合均匀的材料B、步骤1中的蔬菜和酸黄瓜，煮一两分钟。加入鲜奶油后炖煮片刻。汤汁浓稠后加1/2小勺盐和少许胡椒。装盘，根据个人口味撒黑胡椒碎。

制作重点

只用平底锅就能完成
鱼煎好后加白葡萄酒、汤、蔬菜炖煮，做好后加鲜奶油，一个平底锅就能完成。需要洗的餐具变少了。

1人份
2.6 g
186 kcal

蒸整条旗鱼，鲜嫩柔软

# 平底锅蒸旗鱼
# 淋韭菜酱汁

材料（2人份）
旗鱼…2块
豆芽…100g
小松菜…80g
韭菜…20g
蒜…1/2瓣
姜…1/2块
盐、胡椒…各少许
A| 酱油…1大勺
    鸡架高汤…2大勺
    醋、香油…各1小勺

做法
1 旗鱼上撒盐和胡椒，豆芽去根，小松菜切成4cm长的段。
2 韭菜切小段，蒜、姜切碎，与材料A混合。
3 将豆芽、小松菜和旗鱼分成两份，分别铺在两张铝箔纸上，包紧。
4 平底锅中倒入1cm深的水，放入铝箔纸，盖好盖子蒸10分钟左右，取出装盘。食用时淋酱汁。

1人份
9.7 g
392 kcal

迅速炙烤后的金枪鱼和牛油果味道浓郁

# 煎金枪鱼牛油果

材料（2人份）

金枪鱼
（生鱼片）…100g
牛油果…1个
柠檬…适量
盐、黑胡椒碎…
各少许
酱油…2小勺
香油…1小勺

做法

1 牛油果纵向切成两半，去核，连皮切成适口大小后去皮。
2 金枪鱼切成适口大小，撒盐。
3 平底锅中倒入香油加热，放入牛油果煎烤。加入金枪鱼迅速煎烤表面，倒入酱油，挤少许柠檬汁。装盘后撒黑胡椒碎，搭配柠檬。

1人份
**1.8** g
220 kcal

**减糖重点**

含糖量低的牛油果有美容功效
牛油果被称为"森林中的黄油"，含有优质脂肪，营养价值高。100g牛油果中仅含0.9g糖，并且富含维生素E等，有美肤功效。

用红葡萄酒让料理香气四溢

# 红酒味噌煮青花鱼

材料（2人份）

青花鱼…1/2条（200g）
盐、黑胡椒碎…各少许
A｜红葡萄酒…2½大勺
　｜水…70mL
　｜酱油…1小勺
　｜罗汉果…2/3小勺
　｜姜（切片）…1/2块
味噌…1小勺
色拉油…少许
水芹…适量

做法

1 青花鱼切成方便食用的大小，撒盐、黑胡椒碎。
2 平底锅中倒入色拉油加热，将青花鱼皮朝下煎烤，表面煎至焦黄后加材料A，盖上锅盖煮5分钟左右，加入味噌。
3 装盘，搭配水芹。

1人份
**2.9** g
245 kcal

**减糖重点**

用红葡萄酒炖煮，控糖
日本酒和料酒能够去腥、提味，但含糖量高，减糖期间使用红葡萄酒能控制糖分，而且能调出和平时不同的风味。

诀窍在于迅速煎烤表面

# 芥末橙醋拌金枪鱼牛油果

**材料（2人份）**
金枪鱼
（生鱼片）…150g
牛油果…1个
萝卜苗…1包
酱油…1小勺
味酥…1/2小勺
A｜橙醋…1½大勺
　｜芥末…1小勺
橄榄油…1/2大勺

**做法**
1 将味酥和酱油涂在金枪鱼上，静置15分钟左右。
2 牛油果纵向切成两半，去核、去皮后切片。萝卜苗切成两段。
3 平底锅中倒入橄榄油加热，金枪鱼沥干汁水后放入锅中煎烤至双面变成焦黄色，盛出冷却，切成薄片。
4 将金枪鱼和牛油果装盘，放上萝卜苗，淋混合均匀的材料A。

## 制作重点

迅速煎烤表面，外焦里嫩
火候太大会导致金枪鱼肉质变柴，要注意煎烤时的火候和时长。表面变色后立刻翻面，烤至外焦里嫩。

1人份
**4.5 g**
289 kcal

充分利用豆瓣酱，可以作小吃

# 龙田炸青花鱼

**材料（2人份）**
青花鱼（大，无骨）…2块
A｜料酒、酱油…
　｜　各2小勺
　｜蒜末…少许
　｜豆瓣酱…1/2小勺
B｜淀粉…2小勺
　｜黄豆粉…1大勺
色拉油…适量

**做法**
1 青花鱼片成3cm厚的块。将材料A混合，放入青花鱼搅拌均匀。
2 在盘中混合材料B，放入沥去汁水的青花鱼，包裹均匀。
3 平底锅中倒入1cm深的色拉油，加热至180℃后放入青花鱼炸2分30秒左右，注意翻面，沥干多余的油。根据个人口味搭配柠檬。

## 减糖重点

在面衣中加入黄豆粉，减少淀粉用量
淀粉含糖量高，所以要减少用量。用黄豆粉代替淀粉，既能减糖又能增加豆香。

1人份
**5.0 g**
431 kcal

鲜美的虾搭配味道丰富的酱汁

# 蛋黄酱虾仁

材料（2人份）
虾（带壳）…250g
A｜盐…1/5小勺
　｜胡椒…少许
　｜淀粉…2小勺
蛋黄酱…3大勺
番茄酱…1小勺
盐、胡椒…各少许
色拉油…2小勺
柠檬…1片
生菜…2片

做法
1 虾去壳，切开背部后去虾线，加材料A揉搓。柠檬切成扇形，生菜切丝。
2 在碗中混合蛋黄酱和番茄酱。
3 平底锅中倒入色拉油加热，中小火将虾炒熟后关火。加酱料搅拌，用盐和胡椒调味。
4 盘子里铺好生菜丝，将虾装盘，搭配柠檬。

1人份
**2.5** g
277 kcal

### 减糖重点
在减糖期间可以使用蛋黄酱
很多人认为蛋黄酱是瘦身的天敌，其实减糖瘦身期间可以使用蛋黄酱，它能够让菜品更浓稠，提高满足感。

根据喜好搭配香菜

# 辣子虾仁

材料（易做的量）
虾（带壳）…300g
洋葱…1/4个
蒜…1瓣
姜…1块
豆瓣酱…1小勺
A｜番茄酱…2大勺
　｜鸡精…1小勺
　｜绍兴酒…2小勺
　｜酱油…2小勺
盐、胡椒…各少许
香油…2小勺
色拉油…适量

做法
1 虾去壳，切开背部去虾线，用170℃的油炸至酥脆。
2 洋葱、蒜、姜切碎。
3 平底锅中倒香油加热，放步骤2的材料、豆瓣酱翻炒。洋葱变软后加材料A混合。放入虾后用盐、胡椒调味。

1/4份
**2.9** g
101 kcal

### 减糖重点
用番茄酱做出番茄味
用番茄酱代替含糖量高的番茄沙司。1大勺番茄沙司含有4.5g糖，而1大勺番茄酱仅含1.5g糖。

在切好的食材上放芝士烤熟

# 芝士烤鱿鱼口蘑

材料（2人份）
鱿鱼（水煮）…150g
口蘑…6个
芦笋…2根
马苏里拉芝士…100g
盐…1/3小勺
黑胡椒碎…少许

做法
1 鱿鱼切成1cm厚的片，口蘑切成两半，芦笋斜刀切片。
2 将步骤1的材料放入耐热盘中，撒入撕碎的马苏里拉芝士，撒盐、黑胡椒碎。
3 用吐司烤箱烤10分钟左右，烤至变色。

**减糖重点**

不用酱料，放足量芝士
用面粉做成的白酱含糖量高，这道料理中使用了适合减糖期间使用的优秀食材——芝士，烤好后富有弹性，口感劲道。

1人份
**0.6 g**
196 kcal

辣味十足，余味悠长

# 豆瓣酱炒鱿鱼豆苗

材料（2人份）
鱿鱼…200g
豆苗…100g
木耳（泡开）…40g
A| 豆瓣酱、酱油…
  | 各1小勺
色拉油…2小勺

做法
1 鱿鱼切花刀，切成方便食用的大小。豆苗切成方便食用的长度。
2 平底锅中倒入色拉油加热，放入鱿鱼、豆苗和木耳后翻炒。加材料A调味。

**减糖重点**

使用含糖量低的豆苗补充维生素
豆苗含糖量低，而且富含维生素A、维生素K和维生素C，有助骨头生长和抗老化。

1人份
**1.0 g**
139 kcal

不用面粉，做出超低糖料理，
用豆腐做出松软的口感

# 炸豆腐鸡块

材料（2人份）
木棉豆腐…1/2块（150g）
鸡肉馅…200g
香油…1小勺
盐、胡椒…各少许
色拉油…适量

做法
1 豆腐用厚纸巾擦干表面水分。
2 将鸡肉馅、香油、盐、胡椒放进碗中，加入撕碎的豆腐，朝一个方向充分搅拌至黏稠，分成8等份。
3 平底锅中倒入1cm深的色拉油，加热至170℃，用勺子将豆腐鸡块放入锅中，炸至微微变色后翻面，一共炸三四分钟。

## 制作重点

豆腐不用沥干水分，准备工作很轻松

这道菜烹饪时要用到豆腐中的水分，所以不需要沥干，只需轻轻擦去表面的水分即可。豆腐能带来松软的口感。

1人份
**0.9 g**
339 kcal

用来提味的味噌和白萝卜的味道搭配合适

# 味噌豆腐丸子

材料（2人份）
木棉豆腐…1/2块
（150g）
鸡肉馅…100g
青椒…2个
A｜味噌…1/2小勺
　｜蛋液…1/2个
　｜胡椒…少许
色拉油…1/2大勺
白萝卜末…适量

做法
1 豆腐用厚纸巾包住，压上重物，挤出水分。青椒切成两半，去蒂、去籽。
2 将豆腐、鸡肉馅和材料A放入碗中，搅拌至黏稠。分成4等份，做成圆饼。平底锅中倒入色拉油加热，放入圆饼两面油炸。加入青椒、80mL水，盖上盖子焖10分钟左右。
3 装盘，配白萝卜末，根据个人口味淋酱油。

## 减糖重点

在肉丸子里加入味噌
调好味的肉丸散发着味噌的香味，令人满足。豆腐松软的口感同样能提高满足感。

1人份
**2.6** g
197 kcal

口味清淡的豆腐和绿紫苏、芝士搭配和谐

# 芝士烤豆腐

材料（2人份）
木棉豆腐…2/3块
芝士…2片
绿紫苏…4片
盐、胡椒…各少许
橄榄油…2小勺
酸橘…2个
酱油…少许

做法
1 豆腐压上重物，充分挤干水分，切成1.5cm厚的片，撒盐、胡椒。
2 平底锅中倒入橄榄油加热，将豆腐双面煎成焦黄色后放上绿紫苏和切成两半的芝士，盖上盖子，加热至芝士化开。
3 装盘，搭配切成两半的酸橘，淋酱油。根据个人口味撒黑胡椒碎。

1人份
**1.9** g
172 kcal

1人份
**3.7 g**
220 kcal

油豆腐分量十足，大蒜和芝士的风味极佳

# 芝士油豆腐甜椒杏鲍菇

材料（2人份）
油豆腐…1片
红甜椒…1/2个
杏鲍菇…1/2包
蒜（切片）…1瓣
芝士粉…1½大勺
盐…1/3小勺
胡椒…少许
橄榄油…1/2大勺

做法
1 油豆腐用厚纸巾包住，边按压边擦去多余油脂，撕成大块。杏鲍菇切成两段，纵向切成4～6等份。红甜椒纵向切成两半后再切成约7mm宽的条。
2 平底锅中倒入橄榄油，放蒜后开中小火翻炒出香味，加入杏鲍菇翻炒。1分钟后加油豆腐、红甜椒、盐、胡椒，继续炒2分钟左右。最后撒芝士粉轻轻搅拌。

**减糖重点**

加入芝士粉，增加黏稠度
人们通常认为减重期间不能吃芝士，其实芝士含糖量低，在减糖时也能派上用场。要在食材炒熟后添加。

1人份
**6.2 g**
298 kcal

油豆腐中塞满肉馅，鲜美多汁

# 油豆腐肉饼

材料（2人份）
油豆腐…2片
混合肉馅
（瘦肉）…150g
葱花…1/2根的量
蛋液…1/2个的量
盐、胡椒…各少许
圆白菜丝、芥末、
酱油…各适量

做法
1 将混合肉馅、葱花、蛋液、盐、胡椒放进碗里搅拌均匀。
2 油豆腐切成两半，打开后塞进步骤1的材料，开口处用牙签固定。
3 放入平底锅，大火将两面煎至焦黄色，盖上盖子小火加热10分钟左右，至熟透。
4 装盘，配圆白菜丝。食用时蘸芥末和酱油。

**减糖重点**

油豆腐和肉馅口感劲道
塞满肉馅的油豆腐代替了面衣，炸过后口感酥脆。肉馅鲜嫩多汁，有嚼劲。

能享用到番茄酱和大量蔬菜的西班牙料理

# 弗拉明戈蛋

材料（2人份）
鸡蛋…2个
茄子…1个
青椒…1个
洋葱…30g
培根…1片
油豆腐…1片
蒜…2片
红辣椒丁…1/2根的量
番茄罐头（块）…150g
盐…1/5小勺
胡椒…少许
橄榄油…1大勺

做法
1 茄子、青椒、洋葱切块，培根、蒜切碎。
2 油豆腐切成三角形，用平底锅小火将双面煎至酥脆后取出。
3 在平底锅中倒入橄榄油，翻炒蒜碎后放入洋葱、茄子、青椒、培根、红辣椒丁后继续翻炒。食材变软后加入番茄罐头，盖上盖子小火煮四五分钟，加盐、胡椒。
4 在食材中间挖个洞，打入鸡蛋，盖上盖子将鸡蛋煮至喜欢的硬度。装盘，配油豆腐。

减糖重点
用酥脆的油豆腐代替面包
蛋黄流到配有番茄酱的蔬菜上，让人很想搭配面包吃。但是面包含糖量高，用酥脆的油豆腐代替，达到减糖的效果。

1人份
**5.0 g**
255 kcal

加入蔬菜和培根，分量十足的蛋饼

# 西班牙式蛋饼

材料
（易做的量，4~6人份）
鸡蛋…5个
西葫芦…1/2根
洋葱…30g
培根…2片
蒜末…少许
盐、胡椒…各少许
A｜帕尔玛芝士…1大勺
　｜盐…1/6小勺
　｜胡椒…少许
橄榄油…1大勺

做法
1 西葫芦、洋葱、培根切丁。
2 平底锅中倒1小勺橄榄油加热，炒洋葱、蒜末，加入西葫芦、培根后继续翻炒。加1/4杯水，盖上盖子煮三四分钟，加盐、胡椒后收汁。
3 鸡蛋打在碗里，加材料A和步骤2的材料搅拌。
4 在较小的平底锅里倒入2小勺橄榄油加热，倒入步骤3的材料，边搅拌边煎成半熟的圆饼，盖上盖子加热两三分钟，翻面再煎三四分钟。

1人份
**0.6 g**
83 kcal

煎至焦黄的肉片淋上酱油，味道可口

# 煎肉卷煮鸡蛋

材料（2人份）

煮鸡蛋…3个

猪里脊肉片
（涮肉用）…6片（90g）

盐、胡椒…各少许

A｜白葡萄酒…1½小勺
　｜酱油…1小勺

橄榄油…1小勺

意大利香芹…适量

做法

1 煮鸡蛋纵向切成两半，撒盐、胡椒后用猪里脊肉片卷好。

2 平底锅中倒入橄榄油加热，将步骤1的材料煎熟后倒入材料A，小火加热片刻。

3 装盘，配意大利香芹。

### 减糖重点

以能填饱肚子的煮鸡蛋为主

煮鸡蛋低糖，又能填饱肚子，用肉片卷好后分量十足。猪肉鲜美，只需要用少许调味料就可以做成味道醇厚的美味料理。

黏黏的纳豆和脆脆的腌萝卜搭配出有趣的口感

# 腌萝卜纳豆煎蛋

材料（2人份）

鸡蛋…2个

纳豆…50g

纳豆酱料…1袋

腌萝卜…20g

盐、胡椒、
炒黑芝麻…各少许

做法

1 腌萝卜切成较大的丁，打鸡蛋，撒盐、胡椒后和腌萝卜丁搅拌均匀。纳豆与酱料混合后充分搅拌。准备干净的湿布。

2 平底锅加热后倒入蛋液，搅拌并加热到半熟后倒在湿布上。

3 加入纳豆混合均匀，装盘，撒炒黑芝麻。

### 制作重点

纳豆要在关火后添加

黄豆制品大多含糖量低，是减糖的好帮手。纳豆中的纳豆激酶会在温度高于70℃时分解，所以要在关火后添加。

芝士烤焦的部分能激发食欲

# 菜花西蓝花馅饼

**材料**
（易做的量，4人份）
鸡蛋…3个
菜花…150g
西蓝花…150g
蟹味菇…100g
红甜椒…90g
香肠…100g
牛奶…1½杯
盐…适量
胡椒…少许
比萨芝士…40g

**做法**
1 菜花、西蓝花分成小朵，茎部切成2cm长的小段，加入少许盐后焯水，放在滤网上。蟹味菇去根后分成小块。红甜椒去蒂、去籽，切成两段后再切1cm长的条。香肠斜刀切成1cm厚的片。
2 鸡蛋打入碗中，慢慢加入少许牛奶搅拌均匀，加入2/3小勺盐和胡椒调味。
3 将步骤1的材料摆入耐热容器中，注意颜色搭配，倒入蛋液，撒芝士，用预热至180℃的烤箱烤30分钟左右。变色后轻轻盖上铝箔纸。
※如烤箱较小可分两次烘烤，每次烤2人份，分别烤20分钟。

1人份
**7.2 g**
254 kcal

松软的鸡蛋上淋黏稠的酱汁，味道绝佳

# 蟹肉鸡蛋

**材料**（2人份）
鸡蛋…3个
蟹肉棒…50g
大葱…1/4根
金针菇…1/2小袋
A 鸡架高汤…
 1/2小勺
 水…1/2大勺
 盐、胡椒…
 各适量
B 鸡架高汤…
 1/2小勺
 水…1/2杯
C 淀粉…1小勺
 水…1小勺
香油…2小勺

**做法**
1 大葱斜刀切薄片，金针菇去根后切成两段。
2 平底锅里倒入1小勺香油后加热，迅速炒步骤1的材料和蟹肉棒，加入材料A搅拌。倒入碗中后散热，加鸡蛋后搅拌均匀。
3 将材料B中的水倒入锅中，煮沸后加鸡架高汤，用材料C中的水溶解淀粉后倒入锅里。
4 洗净平底锅后擦干，倒入剩余香油，小火加热后倒入步骤2的材料，搅拌均匀，硬度和炒鸡蛋一样。周围开始凝固后调整成圆形，转移到盘子里。
5 加热步骤3的材料，淋在步骤4的材料上。
※用100g虾肉代替蟹肉棒，做成虾肉鸡蛋。

1人份
**4.4 g**
198 kcal

配菜

1人份
0.2 g
112 kcal

1人份
2.9 g
22 kcal

利用温泉蛋减糖，同时增加分量

# 水芹温泉蛋沙拉

材料（2人份）
水芹…1把
温泉蛋…1个

A | 橄榄油…
2小勺
白葡萄酒醋…
1小勺
盐…1/4小勺
胡椒…适量

做法
1 取柔软的水芹叶尖。
2 将材料A搅拌均匀。
3 将水芹装盘，放上温泉蛋，淋酱汁。打破鸡蛋后与水芹叶拌匀食用。

高汤散发出高档的香味

# 凉拌菠菜

材料（2人份）
菠菜…1把
高汤…1/2杯
生抽…1大勺
干松鱼…适量

做法
1 高汤里加入生抽，菠菜焯水后拧干水分，放入高汤中浸泡5分钟入味。
2 沥干汁水后切成方便食用的长度，装盘。倒少许汤汁，撒足量干松鱼。

榨菜是重点，比日式料理更健康

# 中式豆腐拌菠菜

材料（2人份）
菠菜…120g
木棉豆腐…1/2块
榨菜…20g
酱油…1小勺

A | 香油 …1小勺
盐… 1/6小勺
胡椒 …少许

做法
1 豆腐用厚纸巾包住，压上重物，挤干水分。
2 菠菜焯水后拧干水分，切成3cm长的小段，淋酱油拌匀。榨菜切碎。
3 将豆腐放入碗中，将材料A搅拌成奶油状，加入步骤2的材料搅拌均匀。

用小松菜补充维生素和钙质

# 芝麻橙醋小松菜海苔沙拉

材料（2人份）
小松菜…160g
烤海苔…1/2片
A | 橙醋…1小勺
香油…1小勺
炒白芝麻…少许

做法
1 小松菜加少许盐（材料外），焯水，过冷水后沥干，切成5cm长的小段。
2 将小松菜放入碗中，用材料A凉拌，撒撕成小片的烤海苔，搅拌均匀。装盘，撒炒白芝麻。

1人份
1.4 g
88 kcal

1人份
0.9 g
41 kcal

1人份
1.4 g
26 kcal

1人份
4.1 g
26 kcal

脆脆的水菜很好吃

# 芥末酱油水菜
# 金枪鱼沙拉

材料（2人份）
水菜…60g
金枪鱼罐头
（水煮）…1/2罐（40g）
A｜芥末…1/3小勺
　｜酱油…1½小勺
　｜醋…1小勺
　｜盐…少许

做法
1 水菜切成3cm长的小段，浸泡至口感清脆后充分沥干水分。
2 将材料A放入碗中混合，放水菜和沥干汤汁的金枪鱼。

味道清爽，容易搭配主菜

# 酱油醋腌芹菜洋葱

材料（2人份）
芹菜…1/2根
洋葱…1个
A｜醋、酱油、
　｜水…各1/4杯

做法
1 芹菜去筋，切成7mm厚的片。洋葱分成4份，再切成1cm厚的片。
2 放入较厚的保鲜袋中，加入材料A，封口，让腌泡汁没过食材，浸泡一两个小时。

※ 腌制一天左右味道最佳。长期保存后味道会变重，可以将食材切大块腌制。保存在干净的密闭容器中，可以冷藏一周。

韩式辣味沙拉

# 韩式白菜沙拉

材料（2人份）
白菜…200g
水芹…1/3把
A｜蒜末…少许
　｜辣椒粉
　｜（粗粒）…2小勺
　｜酱油…1小勺
　｜醋…1/2大勺
　｜盐…1/3小勺
　｜香油…1大勺

做法
1 白菜用手撕成适口大小，水芹切成4cm长的段。
2 在碗里混合材料A，加步骤1的材料搅拌均匀。

加入柚子的味道，十分可口

# 腌白菜

材料（2人份）
白菜…120g
柚子皮…少许
（2cm见方）
白芝麻…1小勺
盐…1/2小勺

做法
1 白菜切成5cm长的段，白菜帮切成薄片，叶子切成5mm宽的丝。柚子皮切丝。
2 将白菜放进碗里，撒盐，静置5分钟入味。
3 拧干水分后加柚子皮和白芝麻搅拌均匀。

1人份
4.6 g
87 kcal

1人份
1.3 g
18 kcal

1人份
2.7 g
53 kcal

1人份
5.0 g
24 kcal

用金枪鱼增加分量

# 金枪鱼凉拌圆白菜丝

材料（2人份）
圆白菜…150g
金枪鱼罐头
（水煮）…1/2罐（40g）
欧芹末…3大勺
盐…1/3小勺
A｜蛋黄酱、
　｜醋…各1/2大勺
　｜胡椒…适量

做法
1 圆白菜切丝，撒盐后
充分揉搓，静置5分钟
左右入味，拧干水分。
2 将材料A混合均匀，
加圆白菜、金枪鱼、
欧芹末后搅拌。

新奇的咖喱口味

# 咖喱醋腌黄瓜裙带菜

材料
黄瓜…1根
裙带菜
（盐腌）…10g
盐…1/4小勺
A｜咖喱粉…1/4小勺
　｜寿司醋…1½大勺
　｜水…1大勺

做法
1 黄瓜切薄片，放入碗中加
盐揉搓，静置10分钟后拧干
水分。
2 裙带菜冲掉盐分，用足量水
浸泡5分钟，迅速焯水。放在
滤网上冷却，切成适口大小。
3 将材料A混合，加黄瓜和裙带
菜拌匀，放入冷藏室中冷却。

加入少许牛奶，味道醇厚

# 味噌蛋黄酱拌菜花

材料（2人份）
菜花…150g
A｜蛋黄酱…1大勺
　｜味噌、牛奶…
　｜各1/2小勺

做法
1 菜花分成小朵后切成适口
大小，用水浸泡片刻。沥干
后放在耐热容器中，盖上耐
热保鲜膜，用微波炉加热2分
30秒左右，装盘。
2 混合材料A，淋在菜花上。

用吐司烤箱制作，方法简单

# 芝士烤西葫芦

材料（2人份）
西葫芦…1根
比萨芝士…3大勺
盐、胡椒…各少许
橄榄油…适量

做法
1 西葫芦纵向切成两半，分成
3等份，撒盐、胡椒，放芝士。
2 用吐司烤箱烤五六分钟，
烤至芝士化开。
3 装盘，淋橄榄油。

1人份
2.2 g
65 kcal

1人份
1.7 g
98 kcal

1人份
3.3 g
99 kcal

1人份
1.9 g
83 kcal

加入秋葵，享受不同的口感

# 芥末酱油拌鱿鱼黄瓜

材料（2人份）
水煮鱿鱼（足）…
1根（140g）
黄瓜…1根
秋葵…10根
A 芥末、酱油…
各适量

做法
1 鱿鱼和黄瓜切成1cm厚的片。
2 秋葵撒适量盐（材料外）轻轻摩擦，去掉表面的绒毛，去蒂、去掉两端后焯水，切成较厚的小丁。混合材料A。
3 将鱿鱼、黄瓜、秋葵放进碗里混合，用材料A凉拌。

打散蛋黄后搅拌均匀，更加美味

# 酱油蛋黄凉拌韭菜

材料（2人份）
韭菜…1把
蛋黄…2个
酱油…1大勺

做法
1 韭菜切掉根部坚硬的部分，焯水后使劲拧干。切成3cm长的小段，分成2等份后装盘。
2 每个盘子里放1个蛋黄，分别淋1/2大勺酱油。

肉馅和咖喱粉的美味组合

# 咖喱炒青椒

材料（2人份）
青椒…4~5个
猪肉馅…50g
洋葱丁…1/2个的量
姜末…1小块的量
咖喱粉…1大勺
盐…1/2小勺

做法
1 青椒整个压扁后切丁。
2 将猪肉馅放入平底锅中加热，油脂渗出后炒散，加入洋葱丁翻炒至透明后加青椒翻炒。食材变软后加姜末搅拌均匀。
3 加入咖喱粉后迅速翻炒几下，加2大勺水，煮沸后加盐收汁。

充分利用蒜味，味道丰富

# 大蒜炒青菜

材料（2人份）
青菜…2株
蒜…1瓣
A 盐…少许
色拉油…1/2小勺
酱油、蚝油…
各1小勺
色拉油…1½小勺

做法
1 青菜纵向切成8等份，蒜压扁。
2 平底锅中倒入3cm深的热水烧开，加材料A，放入青菜焯10~15秒，捞出放在滤网上。
3 擦净平底锅，放色拉油和蒜炒出香味，加青菜，大火迅速翻炒。关火前加酱油、蚝油搅拌均匀。

1人份
5.9 g
98 kcal

1人份
2.3 g
45 kcal

1人份
0.8 g
70 kcal

1人份
0.9 g
73 kcal

加入芝士的醇厚酱汁口感劲道

# 咖喱蛋黄酱烤西蓝花

材料（2人份）
西蓝花…1个
A 芝士粉…1大勺
蛋黄酱…2大勺
咖喱粉…1小勺

做法
1 西蓝花分成小朵，焯水后
沥干。
2 将材料A混合，加入西蓝花
搅拌均匀。摆在耐热盘里，
用预热好的烤箱烤5分钟。

有嚼劲的芦笋很适合减肥

# 奶油芝士芦笋

材料（2人份）
芦笋…80g
A 奶油芝士、
蛋黄酱…各1大勺
盐、胡椒…
各少许

做法
1 芦笋根部去皮，切成两段。
2 奶油芝士在室温下软化
后与蛋黄酱混合，用盐、
胡椒调味。
3 用平底锅烧开水，盐的
重量为开水的1%（材料
外），焯芦笋后过冷水，沥
干后装盘，淋酱汁。

用芝士酱汁调味，能吃到大量蔬菜

# 凯撒沙拉

材料（2人份）
培根…1/2片
生菜…3片
混合菜叶…20g
黄瓜…1根
蒜末…少许
鳀鱼（瘦肉）…1片
A 原味酸奶…3大勺
帕尔马芝士…2小勺
盐…1/4小勺
胡椒…少许
橄榄油…1小勺

做法
1 将培根放在厚纸巾上，
不盖保鲜膜，用微波炉加
热10秒，切丁。
2 生菜撕成方便食用的大
小，和混合菜叶一起浸泡
至口感清脆后沥干。黄瓜
切小块。
3 在碗里混合材料A，搅拌
均匀，加入蒜末和鳀鱼。
4 将步骤2的材料装盘，淋
步骤3的材料，撒培根。

简单的做法和调味凸显芜菁的甘甜

# 煎芜菁

材料（2人份）
芜菁…2个
盐…1/3小勺
胡椒…适量
橄榄油…1小勺

做法
1 芜菁留下少许茎，连皮
一起纵向切成4等份，撒
盐、胡椒。
2 平底锅中倒入橄榄油加
热，放入芜菁，用中小火
煎2分钟左右。变色后翻
面，再煎2分钟左右，煎至
焦黄。

1人份
3.1 g
91 kcal

1人份
3.2 g
39 kcal

1人份
4.2g
69 kcal

1人份
3.3g
53 kcal

蒜味较重，与醇厚的酱汁搭配和谐

# 金黄酱拌水煮茄子

材料（2人份）
茄子…3个
A 蛋黄酱…1大勺
番茄酱…1小勺
蒜末…少许
盐…少许
黑胡椒碎…少许

做法
1 茄子去皮，纵向切成4等份。
2 将茄子放入沸水中煮五六分钟，放在滤网上冷却，充分沥干后切成适口大小。
3 混合材料A，放入茄子搅拌。装盘，撒黑胡椒碎。

用榨菜和香味蔬菜做成美味酱料

# 蒸茄子配中式酱料

材料
茄子…2个
A 榨菜碎、
葱花…各2大勺
姜末…1小勺
酱油、醋、
香油…各1/2大勺
意大利香芹
（选用）…适量

做法
1 茄子划开皮，浸泡10分钟。将茄子分别用耐热保鲜膜包好，用微波炉加热2分30秒~3分30秒，散热后切成1cm厚的圆片。混合材料A。
2 茄子装盘，淋酱汁，装饰意大利香芹。

能在短时间内做好，清爽美味的泡菜

# 方便腌白萝卜块

材料（2人份）
白萝卜…100g
盐…1/3小勺
A 蒜末…少许
辣椒粉、
香油…各1/2小勺

做法
1 白萝卜切成1.5cm见方的小块，撒盐揉搓，静置5分钟，变软后拧干水分。
2 将材料A混合，加白萝卜搅拌均匀。

黏稠的鳕鱼子既健康又能带来满足感

# 鳕鱼子拌胡萝卜魔芋丝

材料（2人份）
鳕鱼子…40g
胡萝卜…60g
魔芋丝…100g
清酒…1大勺
盐…适量

做法
1 胡萝卜切条，鳕鱼子剥开薄皮。魔芋丝焯水，切成方便食用的长度。
2 胡萝卜放进锅里，倒酒加热至变软后加入魔芋丝和鳕鱼子，边搅拌边煮至松软，加盐调味。

1人份
1.8g
21 kcal

1人份
2.3g
49 kcal

1人份
0.7 g
46 kcal

1人份
5.5 g
60 kcal

鳀鱼香草风味的零食

# 鳀鱼烤口蘑

材料（2人份）
棕色口蘑…10g
A｜鳀鱼碎…1片
　｜蒜末…少许
　｜牙买加胡椒
　｜…1/2小勺
　｜盐、胡椒…
　｜各适量
盐…少许
黄油…2小勺
柠檬皮碎…适量
细叶芹（选用）适量
※可以用混合香草或干
香草代替牙买加胡椒

做法
1 口蘑去掉根部，用厚纸巾
擦净表面污渍。
2 在平底锅中加热黄油，
翻炒口蘑，撒盐后再炒2分
钟，炒软后加材料A迅速翻
炒，最后撒柠檬皮碎。
3 装盘，装饰细叶芹。

充分利用蘑菇的鲜味和洋葱的甜味

# 腌蘑菇

材料（2人份）
菌类（香菇、蟹味菇）
…各150g
洋葱…1/2个
A｜醋…1/2大勺
　｜盐…1/4小勺
　｜胡椒、干罗勒…
　｜各适量
橄榄油…1小勺
意大利香芹
（选用）…适量

做法
1 洋葱切薄片，菌类去
根，香菇切成方便食用的
大小，蟹味菇分成小朵。
2 在平底锅中倒入橄榄油
加热，将洋葱炒软后调小
火，加入菌类和材料A，盖
上盖子。
3 煮10分钟左右，中途注
意搅拌，关火冷却。装
盘，装饰意大利香芹。

含糖量低的黄油和酱油搭配合适

# 黄油酱油炒金针菇

材料（2人份）
金针菇…1袋
黑胡椒碎、
酱油…各少许
黄油…1大勺

做法
1 金针菇去根后分开。
2 在平底锅中化开黄油，
翻炒金针菇，变软后加酱
油搅拌均匀，装盘，撒黑
胡椒碎。

加入各种食材，营养丰富

# 什锦纳豆

材料（2人份）
纳豆…50g
纳豆酱料和芥末…1袋
腌萝卜…10g
小鱼干…1大勺
水煮羊栖菜…1大勺
小葱段…2～3根
酱油…少许

做法
1 腌萝卜切丝。
2 纳豆加入酱料和芥末搅
拌均匀。
3 放入腌萝卜、小鱼干、
羊栖菜、小葱段和酱油
凉拌。

1人份
1.9 g
56 kcal

1人份
2.4 g
63 kcal

1人份
1.9 g
57 kcal

1人份
1.2 g
93 kcal

用微波炉做出的简易韩式凉拌菜

# 豆芽小葱韩式凉拌菜

**材料（2人份）**
豆芽…200g
小葱…1/3把
A 鸡架高汤…
　　1/3小勺
　盐…1/4小勺
　胡椒…少许
　香油…2小勺

**做法**
1 豆芽去根，放进耐热容器中，盖上耐热保鲜膜，用微波炉加热3分钟，倒掉容器中多余的水分。
2 小葱切成4cm长的段，放入豆芽中，用余温烘软。
3 加材料A搅拌。根据个人口味撒炒白芝麻和豆瓣酱。

金枪鱼和味噌蛋黄酱让豆芽更下饭

# 味噌蛋黄酱金枪鱼拌豆芽

**材料**
（易做的量，4人份）
豆芽…1袋
金枪鱼罐头
（油腌）…1小罐（60g）
A 蛋黄酱…2大勺
　味噌…1/2大勺
　姜末、欧芹末…
　　各少许

**做法**
1 在锅中倒入足量热水煮沸，放豆芽后关火，盖上盖子闷2分钟。豆芽放在滤网上沥干水分，散热。
2 金枪鱼罐头倒掉汤汁后放入碗中，加材料A搅拌均匀，放入豆芽拌匀。

用芝士粉和芥末粒调味，味道新颖

# 芥末羊栖菜拌黄豆

**材料（2人份）**
羊栖菜…10g
黄豆（水煮）…100g
A 芝士粉…1大勺
　芥末粒…1小勺
　盐、胡椒…各适量

**做法**
1 羊栖菜放入碗中，加少许白砂糖（材料外）和1/2杯热水，盖上保鲜膜，静置10分钟左右。
2 放入滤网沥干水分。
3 将羊栖菜、黄豆和材料A放入碗中搅拌均匀。

快手菜，能获得出乎意料的满足感，也可作下酒菜

# 白萝卜末拌油豆腐

**材料（2人份）**
油豆腐…1片
白萝卜末…100g
小葱段…适量
姜末…1/2块的量
酱油…少许

**做法**
1 油豆腐切成2cm宽的条，白萝卜末轻轻拧干水分。
2 加热平底锅，放入油豆腐炸到酥脆，用厚纸巾擦净渗出的油。
3 与白萝卜末拌匀后装盘，撒小葱段和姜末，淋酱油。

1人份
1.6 g
99 kcal

1人份
2.2 g
76 kcal

## 味噌汤

**1人份**
2.5 g
51 kcal

用常规组合做出令人满意的味道

# 裙带菜豆腐味噌汤

材料（2人份）
豆腐…1/3块（100g）
裙带菜（干燥）…2g
高汤…1½杯
味噌…1大勺

做法
1 豆腐切成1cm见方的小块。
2 将高汤、豆腐放入锅中加热，放裙带菜，放味噌化开，即将煮沸时关火。

## 食材组合

※所有食材均为2人份。高汤和味噌的量和上图中的裙带菜豆腐味噌汤相同。

**1人份**
2.9 g
31 kcal

### 白萝卜、石莼

做法
将3cm长的白萝卜切丝，和高汤一起倒入锅中煮3分钟左右，加入味噌化开，加入2g石莼。

**1人份**
3.4 g
41 kcal

### 水菜、滑子菇

做法
在锅里加热高汤，加入100g滑子菇，加入味噌化开，加切成3cm长的水菜。

**1人份**
3.8 g
36 kcal

### 荷兰豆、洋葱

做法
1/4个洋葱切薄片，和高汤一起倒入锅中炖煮片刻，加40g荷兰豆，加入味噌化开。

**1人份**
1.7 g
28 kcal

### 小葱、海蕴

做法
在锅里加热高汤，加入味噌化开，加入100g海蕴，撒2根切成小段的小葱。

**1人份**
3.1 g
35 kcal

### 香菇、大葱

做法
4个香菇切薄片，1/3根大葱斜刀切薄片，和高汤一起倒入锅中炖煮片刻，加入味噌化开。

**1人份**
2.4 g
32 kcal

### 豆芽、韭菜

做法
在锅里放入1/2袋豆芽和高汤，煮2分钟左右，加入味噌化开，加入1/3把切成2cm长的韭菜。

**1人份**
1.7 g
58 kcal

### 油豆腐、小松菜

做法
1/2片油豆腐在热水中浸泡后切成3cm长的段，和高汤一起倒入锅中加热，加入80g切成3cm长的小松菜，加入味噌化开。

清汤

1人份
1.8 g
52 kcal

黏稠的汤汁能暖身

# 鸭儿芹蛋汤

**材料（2人份）**
蛋液…1个的量
鸭儿芹…20g
高汤…1½杯
A｜盐…1/3小勺
　｜酱油…1小勺
B｜淀粉…1小勺
　｜高汤…2小勺

**做法**
1 将高汤、材料A倒入锅中煮沸，加入搅拌均匀的材料B煮至黏稠。
2 缓缓倒入蛋液，鸡蛋花浮起后加入切成1cm长的鸭儿芹，关火。

# 食材组合

※所有食材均为2人份。高汤的量和上图中的鸭儿芹蛋汤相同。

1人份
1.9 g
23 kcal

## 鹿尾菜、面筋

**做法**
100g鹿尾菜切成3cm长的段，6个面筋泡开后沥干水分，和高汤一起倒入锅中加热，用1/2小勺盐和1小勺酱油调味。

1人份
1.4 g
14 kcal

## 裙带菜、大葱

**做法**
1/3根大葱斜刀切薄片，和高汤、2g裙带菜（干燥）一起倒入锅中加热片刻，用1/3小勺盐和1小勺酱油调味。

1人份
4.4 g
31 kcal

## 芜菁、梅干

**做法**
2个芜菁留下茎部，切角，梅干果肉撕碎，和高汤一起倒入锅中加热，用1/4小勺盐、1小勺味醂和1小勺酱油调味。

1人份
0.6 g
29 kcal

## 豆芽、青辣椒

**做法**
6个青辣椒切小块，和高汤、1/2袋豆芽一起倒入锅中煮3分钟，用1/3小勺盐和1小勺酱油调味。

1人份
1.8 g
44 kcal

## 蟹味菇、豆腐

**做法**
1包蟹味菇分成小朵，1/3块豆腐切成1.5cm见方的块，和高汤一起倒入锅中煮3分钟，用1/3小勺盐和1小勺酱油调味。

1人份
2.3 g
19 kcal

## 金针菇、小葱

**做法**
1袋金针菇去根后切成两段，和高汤一起倒入锅中加热片刻，用1/2小勺盐和1小勺酱油调味，撒2根切成小段的小葱。

1人份
2.9 g
41 kcal

1人份
2.6 g
23 kcal

既能搭配西餐也能搭配日料

# 金针菇味噌黄油汤

材料（2人份）
金针菇…1/2袋
黄油…1小勺
高汤…1½杯
味噌…1大勺
小葱段…1根的量

做法
1 金针菇去根，切成1cm长的段。
2 用锅加热黄油后将金针菇炒软，加高汤煮沸后加入味噌化开，盛出后撒小葱段。

梅干的酸味能激发食欲，适合食欲不振时饮用

# 黄瓜梅干冷汤

材料（2人份）
黄瓜…2根
梅干…2个
绿紫苏…2片
盐…少许
A 高汤…1½杯
　酱油…1/2小勺
　盐…1小勺

做法
1 黄瓜撒盐，在案板上摩擦后洗净，斜刀切薄片后切丝。将材料A混合后冷却。
2 绿紫苏去茎，切成5mm见方的片。
3 将黄瓜、绿紫苏、梅干放入碗中，淋材料A。可以放入冰块。

放大量韭菜暖身

# 鸡肉韭菜汤

材料（2人份）
鸡肉馅…60g
韭菜…1/2把
清酒…2大勺
盐…1/2小勺
胡椒…少许

做法
1 韭菜切成5mm宽的段。
2 将鸡肉馅放入锅中，先倒清酒，再倒2杯水，搅拌均匀后开火，边搅拌边加热。煮沸后调小火，捞出浮沫，加盐煮10~15分钟。撒胡椒，加韭菜略煮片刻。

只需撕开食材后倒热水

# 简易海带梅干汤

材料（2人份）
海带…4g
梅干…1个
干松鱼…4g
酱油…适量

做法
1 将海带、干松鱼、用手撕碎的梅干分别放入2个碗中。
2 倒入热水，根据个人口味加酱油。

1人份
1.2 g
78 kcal

1人份
1.1 g
13 kcal

1人份
5.5 g
60 kcal

1人份
2.0 g
55 kcal

味道醇厚可口

# 豆奶味噌汤

材料（2人份）
芜菁（大）…1个
芜菁叶…40g
香菇…2个
高汤…1¼杯
味噌…1大勺
豆奶…1/2杯

做法
1 芜菁去茎后切成角，叶子焯水后切成3cm长的段。香菇切条。
2 将高汤、芜菁放入锅中，盖上盖子煮沸，加香菇，煮至芜菁变软。
3 加入芜菁叶，加味噌化开，放豆奶加热。

蛤蜊鲜美，生姜暖身

# 姜味蛤蜊豆腐汤

材料（2人份）
嫩豆腐…1/2块
蛤蜊（带壳、
去沙）…150g
小葱…2根
盐…1/4小勺
姜末…1大勺

做法
1 蛤蜊洗净后放入锅中，加3杯水，煮沸后调小火，捞去浮沫。
2 嫩豆腐切成方便食用的块，小葱切成2cm长的段。蛤蜊加盐调味，加入豆腐和小葱煮沸。装入碗中，加姜末。

加入三种菌类，提高满足感

# 蘑菇汤

材料（2人份）
滑子菇（水煮）…
50g
香菇…2个
金针菇…1/4袋
葱段…1根的量
姜汁…1/2小勺
高汤…2杯
酱油…1小勺
盐…少许

做法
1 滑子菇洗净后沥干水分。香菇去蒂后切薄片，金针菇去根，切成两段。
2 将高汤、菌类放入锅中，煮沸后加酱油、盐、姜汁、葱段，再次煮沸。

只用鸡蛋做成的简易味噌汤

# 荷包蛋味噌汤

材料（2人份）
鸡蛋…2个
高汤…1½杯
味噌…1大勺

做法
1 高汤倒入锅中煮沸，调小火。
2 鸡蛋分别打进2个小碗中，轻轻放入高汤中煮。
3 蛋清凝固后，将鸡蛋分别放入碗中。捞出高汤中的浮沫，加入味噌化开，即将煮沸时关火，倒入碗中。

1人份
3.1 g
21 kcal

1人份
3.6 g
95 kcal

1人份
4.0 g
21 kcal

1人份
5.4 g
98 kcal

用番茄汁轻松完成

# 番茄汤

### 材料（2人份）
番茄汁（无盐）…
1杯
固体浓汤宝
（清汤）…1/2个
盐、黑胡椒碎…
各少许
罗勒丝…少许

### 做法
1 将番茄汁、固体浓汤宝放入锅中，煮沸后用盐调味。
2 盛入碗中，撒罗勒丝和黑胡椒碎。

醇厚的黄油搭配西蓝花很美味

# 西蓝花奶油浓汤

### 材料（2人份）
西蓝花…1/3个
黄油…1小勺
牛奶…1杯
颗粒浓汤宝…
1/2小勺

### 做法
1 西蓝花分成小朵。
2 黄油在锅里化开后放入西蓝花，中小火翻炒1分30秒。
3 加1杯水、牛奶和颗粒浓汤宝后煮软，将西蓝花压扁。
4 盛出，根据个人口味撒芝士粉。

汤汁润滑、口感舒适

# 芜菁西式浓汤

### 材料（2人份）
芜菁…1个
芜菁叶…适量
洋葱…1/8个
盐…适量
牛奶…1/2杯
鲜奶油…1大勺
黄油…5g
黑胡椒碎…少许

### 做法
1 芜菁切成4块，叶子切成5cm长的段，洋葱切薄片。
2 在锅里将黄油化开，洋葱炒软后加芜菁和叶子迅速翻炒。加1杯水、1/6小勺盐煮七八分钟。
3 散热后用搅拌机搅拌，倒回锅中，加牛奶加热，用少许盐调味。加入鲜奶油后搅拌均匀，倒入碗里，撒黑胡椒碎。

能吃到大量蔬菜

# 圆白菜培根汤

### 材料（2人份）
圆白菜…250g
培根…2片
大葱…1/2根
固体浓汤宝
（鸡汤）…1/2个
橄榄油…1/2小勺
盐、黑胡椒碎…
各少许

### 做法
1 圆白菜去芯后切成5cm见方的片，大葱切成2cm长的段。
2 锅中放橄榄油和培根轻炒，加步骤1的材料、1/2杯水和固体浓汤宝。煮沸后捞出浮沫，盖子开一条缝，中小火煮10分钟左右。
3 装盘，撒盐和黑胡椒碎。

1人份
5.2 g
100 kcal

1人份
5.2 g
104 kcal

1人份
2.2 g
79 kcal

1人份
2.3 g
80 kcal

加入鸡蛋和火腿，令人满足

# 鸡蛋清汤

材料（2人份）
蛋液…1个的量
金针菇…1/4袋
火腿…2片
洋葱…1/8个
固体浓汤宝…1个
盐、胡椒…少许

做法
1 洋葱切薄片，火腿切成两半后切丝，金针菇去根后撕开。
2 锅里放入1杯水、固体浓汤宝、步骤1的材料后小火煮三四分钟。煮沸后缓缓倒入蛋液，用盐、胡椒调味。

最后加入火腿和生菜

# 火腿生菜汤

材料（2人份）
火腿…2片
生菜…2片
洋葱…1/4个
盐、胡椒…各适量
橄榄油…1小勺

做法
1 洋葱切薄片，生菜撕开。
2 锅里倒入橄榄油加热，中小火将洋葱炒2分钟左右，变软。
3 加2杯水，煮沸后加入生菜和火腿，用盐、胡椒调味。

用黄油提高浓稠度

# 白菜清汤

材料（2人份）
白菜…100g
黄油…5g
盐…1/3小勺
颗粒浓汤宝…1/2小勺
黑胡椒碎…少许

做法
1 白菜切成约3cm宽的条。
2 在锅里化开黄油，翻炒白菜。加1杯水、盐、颗粒浓汤宝，煮沸后捞出浮沫，继续煮三四分钟。盛出后撒黑胡椒碎。

芝士粉与香辛料的味道搭配和谐

# 洋葱咖喱汤

材料（2人份）
洋葱…1/2个
固体浓汤宝…1个
咖喱粉…1/2小勺
盐、胡椒…各少许
黄油…5g
芝士粉…适量

做法
1 洋葱切薄片。
2 在锅里化开黄油，将洋葱炒软，加2杯水和固体浓汤宝后煮5分钟左右。用咖喱粉、盐、胡椒调味，关火。
3 盛出后撒芝士粉，根据口味加罗勒末。

1人份
1.4 g
28 kcal

1人份
4.7 g
52 kcal

1人份
2.3 g
26 kcal

1人份
0.6 g
21 kcal

可以补充减重过程中容易欠缺的铁

# 蛤蜊豆腐泡菜汤

材料（2人份）
蛤蜊（带壳）…100g
嫩豆腐…1/2块
白菜泡菜…80g
鸡架高汤汤料…
1/4小勺

做法
1 蛤蜊用盐水（材料外）浸
泡，洗净。
2 在锅里放入蛤蜊、2杯水
和鸡架高汤汤料后开火，煮
沸后小火煮2分钟左右。
3 嫩豆腐切大块，放入汤中，
加泡菜。再次煮沸后关火。

富含β-胡萝卜素的小松菜有美肤效果

# 小松菜榨菜汤

材料（2人份）
小松菜…100g
榨菜…100g
鸡架高汤汤料…
1/2小勺
盐、胡椒…各少许

做法
1 小松菜切成3cm长的段，
榨菜切丝。
2 锅里加2杯水和鸡架高汤
汤料，加盐和胡椒后开火，
煮沸后加步骤1的材料，再
次煮沸后关火。

酸味和辣味取得绝妙平衡

# 金针菇鸡蛋酸辣汤

材料（2人份）
金针菇…1/2袋
鸡蛋…1个
小葱…1根
盐、胡椒、酱油…
各少许
鸡架高汤汤料…
1小勺
豆瓣酱、醋…
各1小勺

做法
1 金针菇去根后切成两段。
鸡蛋打散，加盐、胡椒搅
拌。小葱纵向划两三刀后切
成3cm宽的段。
2 在锅里加2杯水和鸡架高汤
汤料加热，加入金针菇、小
葱、豆瓣酱后煮两三分钟。
3 用酱油调味后倒入鸡蛋，
加醋后煮沸。

用富含膳食纤维的裙带菜清洁肠胃

# 裙带菜汤

材料（2人份）
裙带菜（干燥）…
2大勺
虾仁…5g
盐…1/2小勺
蒜末…1瓣的量

做法
1 在锅里加3杯水和虾仁后
开火。
2 煮沸，加入裙带菜、盐、
蒜末。

1人份
1.9 g
49 kcal

1人份
0.7 g
14 kcal

1人份
4.6 g
28 kcal

1人份
5.3 g
63 kcal

胡椒和辣椒油是重点

# 大葱酸辣汤

材料（2人份）
大葱…1根
A 醋…1大勺
　鸡架高汤汤料…
　2小勺
　酱油…1小勺
　盐、白砂糖、
　胡椒…各少许
黑胡椒碎、辣椒油…
各少许

做法
1 大葱切成约5cm长的丝。
2 锅里加入2杯水和材料A煮沸，加入大葱再次煮沸。
3 盛出，撒黑胡椒、辣椒油。

口感清脆，有嚼劲

# 中式烤圆白菜汤

材料（2人份）
圆白菜…1/4个
蒜（切片）…1/2瓣
鸡架高汤汤料…
1/2小勺
盐、胡椒…各少许
香油…1/2大勺

做法
1 圆白菜切成两半。
2 平底锅中倒入香油，小火将蒜片炒出香味后取出，放入圆白菜，大火双面煎。
3 加2杯水和鸡架高汤汤料，放蒜片，盖上盖子煮至圆白菜变软。用盐、胡椒调味。

可以轻松吃下一整个较小的生菜

# 生菜蛤蜊葱花汤

材料（2人份）
蛤蜊（带壳）…
250g
生菜…200g
蘘荷末、姜末…
各1大勺
小葱段…适量
色拉油…1/2大勺
盐、胡椒…各少许

做法
1 蛤蜊洗净，生菜切丝。
2 平底锅里倒入色拉油加热，将蘘荷末、姜末炒出香味后加2杯水，大火煮至蛤蜊开口后调小火，撇去浮沫，用盐、胡椒调味。
3 生菜装盘，淋热蛤蜊汤，撒小葱段。

糖分几乎为零的豆芽，有嚼劲

# 韩式豆芽汤

材料（2人份）
豆芽…1/2袋
大葱…1/4根
蒜末…1/3小勺
盐…1/3小勺
清酒…2大勺
红辣椒、
青辣椒段…各少许

做法
1 豆芽去根，大葱切成小段。
2 将豆芽和3杯水放入锅中，煮沸后加入大葱和蒜末，用盐、清酒调味。
3 加辣椒后关火。

1人份
2.5 g
59 kcal

1人份
1.8 g
42 kcal

# 帮你克服困难的
# 减糖替代品

减糖瘦身时不能吃的食材有白砂糖、面条、面包和点心。
下列替代品可以尽情享用，不用在意含糖量。

## 白砂糖的替代品

不会让血糖值上升的甜味剂
**甜辣味的料理和甜品中可以使用**

减糖瘦身时要格外当心"白砂糖"，不能因为不吃主食就忽略它。比如照烧鸡肉和炖菜等甜辣味料理中会使用较多的白砂糖和味醂，要格外注意。另外，蛋糕等甜品中也会用到大量白砂糖。减重期间可以用罗汉果糖代替白砂糖，它是由罗汉果经高度浓缩并发酵后，与天然甜味成分"赤藓糖醇"作用而制成的，赤藓糖醇虽然是一种糖，但是摄入后不会在体内代谢，所以不会影响血糖值。

【罗汉果糖】
和白砂糖甜度相同，可以直接按照菜谱中的分量替换白砂糖。上图为液体，可以用来制作饮料或果冻等冷甜品。下图为颗粒。

## 面包的替代品

含糖量是普通面包的1/2左右
**在便利店和网上可以轻松买到**

减糖瘦身期间很难戒掉面包的人，推荐食用黑面包等低糖面包，它是用麦麸和黄豆粉做成，含糖量低，还可以用它制作三明治。铜锣烧和泡芙中也出现了越来越多低糖产品，推荐在减重期间作为对自己的奖励。

【低糖面包、
低糖点心】

黑面包等低糖面包种类丰富，包装上会标注含糖量，请注意确认，要注意不能过量食用。

## 面食的替代品

乌冬面、荞麦面、意大利面等
**只要全部换成减糖面，就一定能在满足食欲的基础上瘦下来**

面条中含有大量碳水化合物，所以在减糖瘦身期间不能食用。不过只要换成魔芋面，热量和含糖量就能大幅降低，可以在满足食欲的基础上减重。另外，魔芋中富含膳食纤维，还能解决减重期间容易便秘的问题。

【魔芋面】
可以做成乌冬面、荞麦面、拉面、意大利面等种类丰富的面条，还可以做成炒面和意面便当，或用焖烧杯做成汤面。

## 这些酒可以饮用

**选择蒸馏酒就没问题**

减重期间是否能饮酒？答案是能。虽然酒精热量较高，但喝下去后立刻会转化并消耗掉，所以不会导致肥胖。不过最好不要选择含糖量高的酒。啤酒、日本酒、绍兴酒等酿造酒含糖量高，喝下去后血糖会升高。威士忌、烧酒、伏特加等蒸馏酒可以放心饮用。推荐用苏打水兑威士忌，用乌龙茶兑烧酒。红酒可以选择干型。

# Part 3

## 可以大口吃蔬菜
# 美味减糖沙拉

本章将为大家介绍人气颇高的能量沙拉和
各种美味的主菜沙拉。
一盘能量沙拉就能吃饱,并提供大量蛋白质。
不减重的人也会觉得这些沙拉很好吃。

# 一盘就能填饱肚子的
## 能量沙拉

一盘就能饱的能量沙拉。
现在有很多餐厅都出售能量沙拉，如果在家自己做，选择更丰富。
营养均衡的蛋白质和蔬菜，可以作为主食帮你达到健康减重的目标。

糖分几乎为零的鸡胸肉和
五颜六色的蔬菜

# 彩虹沙拉

**材料（1人份）**
鸡胸肉（去皮）…
1/3片（80g）
牛油果…1/2小个
紫甘蓝…1/2小个
番茄…1/2小个
烤三文鱼…3片
煮鸡蛋…1个
A| 盐、胡椒…各少许
　 白葡萄酒…1小勺
B| 蛋黄酱…1½大勺
　 番茄酱、柠檬汁…
　 各1/2小勺

**做法**
1 鸡胸肉切成1.5cm厚的片，放在耐热盘中，撒材料A，盖上耐热保鲜膜后用微波炉加热1分30秒左右。冷却后切成1.5cm见方的小块。
2 牛油果、番茄、煮鸡蛋切成1.5cm见方的块，紫甘蓝切丝。
3 将番茄、烤三文鱼、煮鸡蛋、鸡胸肉、牛油果、紫甘蓝装盘，淋混合均匀的材料B。

### 减糖重点

用高蛋白、低糖食材制作

蛋白质是健康减重期间不可或缺的营养成分。鸡胸肉和煮鸡蛋低糖、低热量、高蛋白，推荐选择。

1人份
**6.2 g**
466 kcal

芝士味道可口，口感劲道的健康沙拉

# 厚培根牛油果碎
# 凯撒沙拉

**材料（1人份）**
培根…60g
牛油果…1/2小个
罗马生菜…4～5片
圣女果…2个
煮鸡蛋…1个
帕尔玛芝士碎…适量
细叶芹…适量
A| 蛋黄酱…2大勺
　 牛奶…1/2大勺
　 白葡萄酒醋…1小勺
　 蒜末、盐、
　 黑胡椒碎…各少许

**做法**
1 将罗马生菜撕成适口大小，牛油果、煮鸡蛋切成1.5cm见方的块，圣女果切成4瓣。
2 培根切成1cm见方的块，放入平底锅中，中火翻炒变色。
3 将步骤1的材料和培根装盘，撒帕尔玛芝士碎和去梗的细叶芹，淋混合均匀的材料A。

1人份
**5.7 g**
739 kcal

**减糖重点**
选择牛油果和培根等含糖量低、营养丰富的食材
在减糖瘦身时，可以选择低糖、高热量、高脂肪的牛油果和培根，既能获得满足感又能吸收营养。

蓝莓的酸味和烤牛肉、芝士是绝配

# 烤牛肉蓝莓沙拉

**材料（1人份）**
牛腿肉（牛排用，
1.5cm厚）…1片（120g）
蓝莓…40g
卡门贝尔芝士…1/3个
水萝卜…2个
生菜叶…2～3片
水芹…1/2把
A| 橄榄油…1大勺
　 红葡萄酒醋…
　 1/2大勺
　 酱油…1小勺
　 蒜末、盐、
　 黑胡椒碎…各少许
盐…1撮
黑胡椒碎…少许
色拉油…1小勺

**做法**
1 将牛腿肉提前20分钟放至室温下，撒盐、黑胡椒碎。平底锅里倒入色拉油，将牛肉中火煎1分30秒左右，煎至焦黄后翻面，继续煎1分30秒左右。取出后用铝箔纸包裹，静置5分钟后切薄片。
2 水萝卜切成圆形薄片，卡门贝尔芝士切成4角。
3 生菜叶撕成适口大小，水芹摘下叶子。
4 将步骤1～步骤3的食材和蓝莓装盘，淋混合均匀的材料A。

1人份
**6.6 g**
562 kcal

**减糖重点**
既健康又美味
这款能量沙拉的魅力在于含糖量低的牛肉和芝士中富含蛋白质，加入大量绿叶菜后营养均衡，蓝莓还有美容功效。

1人份

**8.8 g**

463 kcal

加入甜菜，有美容功效

# 罗勒肉松菜花大份沙拉

**材料（1人份）**

混合肉馅…80g
菜花…50g
甜菜罐头…70g
煮鸡蛋…1个
沙拉生菜…1/2个
干罗勒…1/2小勺

A｜原味酸奶、
　蛋黄酱…各1大勺
　蒜末、盐、
　胡椒…各少许
盐、胡椒…各少许
橄榄油…1小勺

**做法**

1 用橄榄油中火将混合肉馅翻炒变色，撒干罗勒、盐、胡椒。

2 菜花分成小朵，加少许盐（材料外），焯水3分钟左右，放在滤网上冷却。

3 甜菜切成1~1.5cm见方的小块，煮鸡蛋切成两半。

4 将沙拉生菜、菜花、甜菜装盘，放肉馅和煮鸡蛋，淋搅拌均匀的材料A。

**减糖重点**

**甜菜营养丰富，能从内部净化身体**

甜菜营养价值极高，被称为"输血食物"。能够补充减重期间缺乏的营养，同时还有美容功效。

---

用香辛料调味，搭配大量蔬菜，分量十足

# 鸡肉藜麦杂粮沙拉

**材料（1人份）**

鸡腿肉…1小片
（200g）
藜麦…10g
生菜…2~3片
紫菊苣…3~4片
西蓝花…1/3个
白干酪…20g

A｜盐…1/4小勺
　辣椒粉、甜椒粉、
　蒜粉、
　黑胡椒碎…各少许

B｜鳀鱼末
　（瘦肉）…1片
　橄榄油…1大勺
　白葡萄酒醋…
　1/2大勺
　盐、胡椒…各少许
橄榄油…1小勺

**做法**

1 鸡腿肉去掉多余油脂后撒材料A。平底锅中倒入橄榄油，鸡腿肉皮朝下，用中火煎3分钟左右，翻面后盖上盖子，小火煎5分钟左右。散热，切成适口大小的块。

2 藜麦用滤网过滤，倒入小锅中，加足量水，中火煮沸后调小火煮10分钟左右，放在滤网上冷却。西蓝花分成小朵，加少许盐（材料外），焯2分钟，放在滤网上冷却。

3 生菜、紫菊苣切成1.5cm宽的块。

4 混合材料B，加步骤1~步骤3的材料和白干酪拌匀。

**减糖重点**

**用超级食材藜麦和含糖量低的菊苣塑造完美身材**

藜麦在谷物中含糖量低，富含膳食纤维和多酚类物质，能缓解便秘，有美肌效果。紫红色的菊苣色彩鲜艳，含糖量低。

1人份

**8.6 g**

626 kcal

用富含膳食纤维和矿物质的羊栖菜
做出的日式沙拉

# 旗鱼羊栖菜水菜
# 日式沙拉

1人份
2.9g
278 kcal

材料（1人份）
旗鱼…1块（100g）
羊栖菜芽（或羊栖菜）
…4g
水菜…1/4把
蘘荷…1个
A｜香油…1大勺
　醋、酱油
　…各1/2大勺
　芥末、盐…各少许
盐、胡椒…各少许
色拉油…1小勺

做法
1 羊栖菜芽用足量清水浸泡15分钟左右，焯水后放在滤网上沥干，冷却。
2 旗鱼切成1.5cm见方的块，撒盐、胡椒，在平底锅里倒入色拉油，中火炒四五分钟。
3 水菜切成1.5cm长的段，蘘荷纵向切成两半后再切成2段，切丝。
4 混合材料A，加所有材料混合均匀。

减糖重点

旗鱼富含蛋白质，能保持头发和肌肤光泽并减重。另外，减重期间容易便秘，可以用羊栖菜补充膳食纤维。

煎至焦黄的豆腐和辣肠能提高满足感

# 咖喱豆腐辣肠印度沙拉

减糖重点

含糖量低，富含优质蛋白的豆腐可以代替主食只有绿叶菜和肉，分量有些不足，增加了含糖量低并富含优质蛋白的豆腐，它可以代替主食提高满足感。

1人份
2.9g
278 kcal

材料（1人份）
木棉豆腐…
1/2小块（100g）
辣肠…2根
西葫芦…1/2小根
生菜…3~4片
圣女果…2个
比萨芝士…15g
A｜咖喱粉…1撮
　盐、黑胡椒碎…
　各少许
B｜鳀鱼末
　（瘦肉）…1片
　橄榄油…1大勺
　白葡萄酒醋…
　1/2大勺
　咖喱粉、盐、
　黑胡椒碎…各少许
橄榄油…1小勺
甜椒末…适量

做法
1 木棉豆腐用厚纸巾包好，静置10分钟左右后沥干水分，纵向切成两半后切成1cm厚的片，撒材料A。西葫芦切成1cm厚的圆片。
2 生菜撕成适口大小，圣女果分成4块。
3 平底锅中倒入橄榄油，中火将西葫芦、辣肠煎至焦黄后取出，继续煎豆腐。
4 将步骤2和步骤3的食材、芝士装盘，淋混合均匀的材料B，撒甜椒末。

1人份
8.1g
625 kcal

富含维生素C的草莓色彩鲜艳，还能美肤

# 草莓肉片马苏里拉沙拉

**材料（1人份）**

猪五花肉片…80g
草莓…3～4个
马苏里拉芝士…50g
嫩菜叶…1/2包
苦苣…50g
紫甘蓝芽…1/2包
A｜酱油…1小勺
　｜蒜末…少许
B｜橄榄油…1大勺
　｜醋…1/2大勺
　｜酱油…1小勺
　｜盐、胡椒…各少许
色拉油…1/2小勺

**做法**

1 草莓去蒂，切成4块。芝士和苦苣撕成方便食用的大小，紫甘蓝芽去根。
2 猪五花肉片切成约6cm宽，平底锅中倒入色拉油，中火翻炒猪肉片。用厚纸巾擦净渗出的油脂，猪肉片变成焦黄色后加材料A。
3 混合材料B，加嫩菜叶、步骤1和步骤2的材料后搅拌均匀。

## 减糖重点

**含糖量低的猪肉和芝士味道鲜美醇厚，推荐使用**

炒至酥脆的猪肉味道鲜美，马苏里拉芝士味道醇厚，能够提高满足感。草莓尽管含糖量高，不过富含维生素C，可以适量食用。

新鲜蔬菜和生火腿、橙子是绝配

# 生火腿橙子芝士能量沙拉

**材料（1人份）**

生火腿…4片
橙子…1/2个
奶油芝士…30g
嫩菜叶…1/2包
生菜…2～3片
口蘑…1/2包
A｜橄榄油…1大勺
　｜白葡萄酒醋…1/2大勺
　｜芥末粒…1/2小勺
　｜盐、胡椒…各少许

**做法**

1 生火腿切成两半，橙子去皮、切瓣。
2 口蘑切薄片，生菜撕成适口大小。
3 将嫩菜叶和步骤2的材料混合后装盘，放步骤1的材料、撕碎的奶油芝士，淋混合均匀的材料A。

1人份
6.7g
305 kcal

## 减糖重点

**生火腿几乎不含糖，沙拉味道特别**

生火腿含糖量低，恰到好处的咸味很适合做沙拉。橙子尽管含糖量高，但是富含维生素C，而且酸味可以提味，可以适量摄入。

用香草和酸橙做出爽口的沙拉！松子成为亮点

# 异域风味生鱼片香草沙拉

材料（1人份）
鲷鱼刺身…80g
白萝卜…120g
紫甘蓝…1小片
香菜…30g
小茴香、薄荷…共5g
A | 色拉油…1大勺
 | 鱼露、酸橙汁…
 | 各1/2大勺
 | 盐、黑胡椒碎…
 | 各少许
酸橙、松子…各适量

做法
1 白萝卜切成5cm长的丝，紫甘蓝切丝，香菜切碎。
2 将步骤1的材料、小茴香和薄荷混合均匀后装盘，放上鲷鱼刺身。淋混合均匀的材料A，撒松子，搭配酸橙。

**减糖重点**

刺身含糖量低，不需要预处理，制作方便
鱼类刺身含糖量低，红肉鱼和白肉鱼低脂、低热量，最适合减重。无须加热，能轻松摄入蛋白质，是忙碌时的好选择。

1人份
**8.9** g
320 kcal

1人份
**4.2** g
249 kcal

三文鱼有抗老化功效

# 三文鱼小茴香芥末沙拉

材料（1人份）
烟熏三文鱼…5片
（50g）
小茴香…5根
生菜…3~4片
黄瓜…1/2根
红洋葱…1/8个
黑橄榄…5个
A | 橄榄油…1大勺
 | 白葡萄酒醋…
 | 1/2大勺
 | 芥末粒…1小勺
 | 盐、胡椒…各少许

做法
1 生菜撕成适口大小，黄瓜削成薄片，红洋葱纵向切薄片。
2 三文鱼切成两半，小茴香取叶子。
3 将步骤1的材料混合后装盘，放上步骤2的材料和黑橄榄，淋混合均匀的材料A。

**减糖重点**

选择低糖调味料很关键
就算控制住食材的含糖量，如果调味料的含糖量高，也会事倍功半。要使用芥末粒和白葡萄酒醋等低糖调味料。

1人份
**1.8 g**
244 kcal

有嚼劲的虾和西蓝花，用浓稠的酱汁调味

# 虾仁西蓝花卡门贝尔芝士沙拉

**材料（1人份）**
水煮虾…200g
西蓝花…1个
煮鸡蛋…1个
卡门贝尔芝士…1/2个
菊苣…1片
A 蛋黄酱（选用，可以
　使用热量减半的
　产品）…5大勺
　原味酸奶…2大勺
　橄榄油…1大勺
　盐…1/2小勺
　胡椒…少许

**做法**
1 西蓝花分成小朵，削去
坚硬的茎部，剩余部分切
成约7mm厚的圆片。加少
许盐（材料外）焯2分30
秒，放在滤网上冷却。
2 煮鸡蛋分成4块，卡门贝
尔芝士切成8块，菊苣撕成
小片。
3 混合材料A，放入步骤1、
步骤2的材料和水煮虾搅拌
均匀。

**减糖重点**

使用了大量低糖食材，注重
营养平衡
用虾、西蓝花、鸡蛋、芝士
做出的丰盛沙拉，令人充分
满足。不仅含糖量低，而且
营养平衡，可以健康减重。

用法式醋腌做法让低糖旗鱼变得爽口

# 油炸旗鱼沙拉

| 1人份 |
|---|
| **3.2 g** |
| 243 kcal |

材料

（易做的量，4人份）
旗鱼…4块
红洋葱…1/2个
黄瓜…1根
芹菜…1根
香菜…1袋
A｜橄榄油…4大勺
　｜白葡萄酒醋…
　｜2～3大勺
　｜盐…1/2小勺
　｜胡椒…少许
盐…1/2小勺
胡椒…少许
橄榄油…1/2大勺

做法

1 旗鱼切成三四等份，撒盐、胡椒。
2 红洋葱切丁，黄瓜、芹菜切成1cm见方的块，香菜切成1cm长的段。
3 混合材料A，加步骤2的材料搅拌。
4 在平底锅中倒入橄榄油，中火将旗鱼煎3分钟，呈焦黄色后翻面，继续煎3分钟。趁热加入步骤3的材料搅拌，静置入味。

### 减糖重点
充分享用低糖旗鱼肉
旗鱼不仅含糖量低，而且是高蛋白、脂肪含量恰到好处的优秀食材。配合香菜和酸味调味料后味道清爽，可以一次吃很多。

---

鸡肉、鸡蛋、牛油果、芦笋，分量十足的沙拉

# 坦杜里鸡肉沙拉

材料（2人份）
鸡腿肉…1片（300g）
煮鸡蛋…3个
牛油果…1小个
芦笋…2根
菊苣…6～7片
A｜蛋黄酱…2大勺
　｜番茄酱…1大勺
　｜咖喱粉…1/2小勺
　｜盐…1/4小勺
　｜蒜末、胡椒…
　｜各少许
B｜鳀鱼末…2片
　｜橄榄油…1大勺
　｜白葡萄酒醋…
　｜1/2大勺
　｜盐、胡椒…各少许
橄榄油…1小勺

做法

1 鸡腿肉切成适口大小，加材料A揉搓后在室温下静置15分钟左右。
2 牛油果切成适口大小，芦笋削去坚硬的根部，斜刀切成1cm厚的片。菊苣切成适口大小，煮鸡蛋切成4等份。
3 在平底锅中倒入橄榄油，芦笋翻炒后取出。鸡腿肉皮朝下煎至焦黄色后翻面，盖上盖子小火焖5分钟左右。
4 将步骤3的材料、牛油果、菊苣、煮鸡蛋装盘，淋混合均匀的材料B。

### 减糖重点

鸡腿肉含糖量低，搭配低糖、高蛋白的鸡蛋，可以健康减重。

| 1人份 |
|---|
| **3.6 g** |
| 698 kcal |

# 分量十足的
# 主菜沙拉

富含蛋白质，能带来足够满足感的主菜沙拉。
本节将介绍分量足以作为主菜，可以和家人共享
而且含糖量很低的沙拉。

1人份
## 6.7 g
317 kcal

吃油炸食品也无妨，
酸酸甜甜、味道爽口

# 醋腌五花肉茄子

**材料**（易做的量，4人份）

猪五花肉片…350g
茄子…2个
尖椒…10根
A 高汤…1/2杯
　酱油…1½大勺
　白砂糖、醋…各1小勺
　盐…1/2小勺
淀粉…1/2大勺
盐…少许
色拉油…适量

**做法**

1 茄子切成4块，然后切成
两段。尖椒用刀尖划开。
猪五花肉片撒盐和薄薄一
层过筛后的淀粉。

2 混合材料A。

3 在平底锅里倒入2cm深的
色拉油，加热至180℃，放
尖椒、茄子和猪五花肉片
炸2分钟，沥干油分，趁热
放材料A搅拌均匀。

## 减糖重点

**可以保存的沙拉**
沙拉浸泡在酸辣汁
中，可以保存。醋的
酸味爽口，推荐在食
欲不振时食用。

浓稠的蛋黄酱很美味

# 蛋黄酱酱油里脊沙拉

**材料（2人份）**
猪里脊肉（生姜烧
肉用）…6～8片（250g）
圆白菜…1大片
生菜…2～3片
鸭儿芹…1把
A | 姜末…1块的量
　 | 洋葱末…1/8个的量
　 | 蛋黄酱…2大勺
　 | 酱油…1大勺
　 | 盐…1撮
B | 香油…1大勺
　 | 醋…1½大勺
　 | 盐…1/4小勺
色拉油…1大勺
一味唐辛子…少许

**做法**
1 猪里脊肉去筋，与材料A
混合后搅拌均匀。
2 圆白菜切丝，生菜撕成
适口大小。鸭儿芹择去叶
子，茎切成3cm长的段，
放入混合均匀的材料B里，
搅拌后装盘。
3 平底锅中倒入色拉油，
将猪里脊肉煎3分钟，变
成焦黄色后翻面，迅速煎
熟。盖在步骤2的材料上，
撒一味唐辛子。

1人份
5.0 g
555 kcal

**减糖重点**
减糖瘦身时可以用蛋黄酱增加黏
稠度
蛋黄酱热量高，人们在减重期间
通常会避免使用。其实蛋黄酱含
糖量低，可以适量食用，能够增
加黏稠度，调出醇厚的味道。

芥末的味道是重点。鸡胸肉切薄片，口感更好

# 鸡胸肉黄瓜洋葱沙拉

**材料（2人份）**
鸡胸肉（去皮）…
1片（250g）
黄瓜…1根
红洋葱…1/2个
菠菜…1把
A | 香油…1½大勺
　 | 酱油…1大勺
　 | 芥末…1/3小勺
　 | 盐…1撮

**做法**
1 鸡胸肉尽可能切薄，黄瓜
用擀面杖拍打后掰成适口
大小，红洋葱纵向切薄片。
2 在足量热水中加入少许盐
（材料外），菠菜焯水，过
冷水后拧干，切成5cm长的
段。鸡胸肉用同一锅热水
迅速焯后放在滤网上冷却。
3 混合材料A，加入步骤2的
材料、黄瓜和红洋葱拌匀。

**减糖重点**
用香油提香可以提高满足感
油基本不含糖，可以在减糖瘦身
时使用。香油能够提升料理给人
的满足感，推荐使用。

1人份
5.6 g
280 kcal

**1人份**
**7.9 g**
369 kcal

水芹余味悠长，和味道醇厚的芝麻酱搭配合适

# 牛肉水芹沙拉

材料（2人份）
牛肉片（涮肉用）…
250g
水芹…30g
白芝麻酱…2大勺
蘸面汁（3倍
浓缩）…3大勺

做法
1 水芹切成3段。
2 将白芝麻酱放入碗中，逐渐加入蘸面汁和3大勺水搅拌。
3 在沸水中逐一放入牛肉片，肉变色后过冷水，充分沥干。
4 食用前在酱料中加入水芹和牛肉。

## 减糖重点

用芝麻酱增加黏稠度
芝麻酱含糖量低，能够增加黏稠度，提高满足感。不含糖的水芹能增加苦味，是适合减重期间食用的优秀食材。

用酸橙酱油将酥脆的五花肉调成爽口的味道

# 酸橙酱油肉片沙拉

材料（2人份）
猪五花肉片…200g
生菜…3～4片
番茄…1个
大葱…10cm
姜…1块
A 酸橙酱油…2大勺
 白砂糖、香油…
 各1小勺
盐、黑胡椒碎…
各少许
淀粉…1大勺
色拉油…1/2大勺

做法
1 生菜撕成适口大小，过冷水后沥干。番茄切成1cm厚的扇形。
2 大葱、姜切碎，与材料A混合。
3 猪五花肉片切成两三条，单面撒盐和黑胡椒碎，整体撒薄薄一层淀粉。平底锅里倒入色拉油，将肉片双面煎脆，放在厚纸巾上充分沥干油脂。
4 将生菜和番茄装盘，放五花肉片，淋酱汁。

**1人份**
**12.1 g**
504 kcal

## 减糖重点

将低糖五花肉做得更加健康
猪五花肉虽然热量高，但是含糖量低，是减重期间可以选择的食材。用厚纸巾充分擦干油脂，不仅能让担心热量太高的人安心，还能让口感更加清爽。

咖喱味肉松很可口，搭配生菜大口吃

# 生菜蒜香咖喱肉松

材料（2人份）
猪肉馅…200g
生菜…2/3个
红甜椒…1/4小个
韭菜…1/4把
蒜末…1瓣的量
A│酱油…1大勺
　│咖喱粉…1小勺
　│盐、黑胡椒碎…
　│各少许
色拉油…1小勺
葱丝…适量

做法
1 生菜撕成适口大小，红甜椒纵向切薄片，韭菜切成5cm长的段。
2 将生菜、红甜椒、韭菜依次放入耐热碗中，盖上耐热保鲜膜，用微波炉加热2分30秒左右。沥干水分后搅拌均匀，装盘。
3 平底锅中倒入色拉油，将蒜末炒出香味后将猪肉馅翻炒变色，加材料A翻炒后放在步骤2的材料上，撒葱丝。

减糖重点
生菜加热后食用
低糖、低热量的生菜加热后体积缩小，能够吃下很多。猪肉馅含糖量低，做成肉松后更美味。

1人份
**4.6 g**
288 kcal

醇厚的辣酱能让低糖食材更加美味

# 鸡肉小松菜沙拉

材料
（易做的量，4人份）
鸡胸肉…1片
小松菜…1把
香葱…1根
姜…3片
A│葱丝…10cm长
　│姜末…1块的量
　│白芝麻酱…2大勺
　│甜面酱…4小勺
　│豆瓣酱…1小勺
　│清酒、香油…
　│各2小勺
　│盐、胡椒…各少许
B│清酒…1大勺
　│盐、胡椒…各少许

做法
1 将鸡胸肉放在耐热盘中，放材料B和香葱、姜后盖耐热保鲜膜，用微波炉（500W）加热4分钟。
2 将鸡胸肉撕成方便食用的大小，鸡皮切丝。
3 小松菜焯水后放在耐热盘中，盖耐热保鲜膜，用微波炉加热1分30秒，过冷水后拧干，切成约3cm长的小段。
4 将小松菜铺在盘子里，放鸡胸肉和皮，淋混合均匀的材料A。

减糖重点
酱料醇厚有辣味，让低糖食材更美味
芝麻酱和豆瓣酱调成的酱料将含糖量低的鸡胸肉和小松菜变得让人爱不释口。味道清淡的食材适合搭配味道浓郁的酱料。

1人份
**4.3 g**
207 kcal

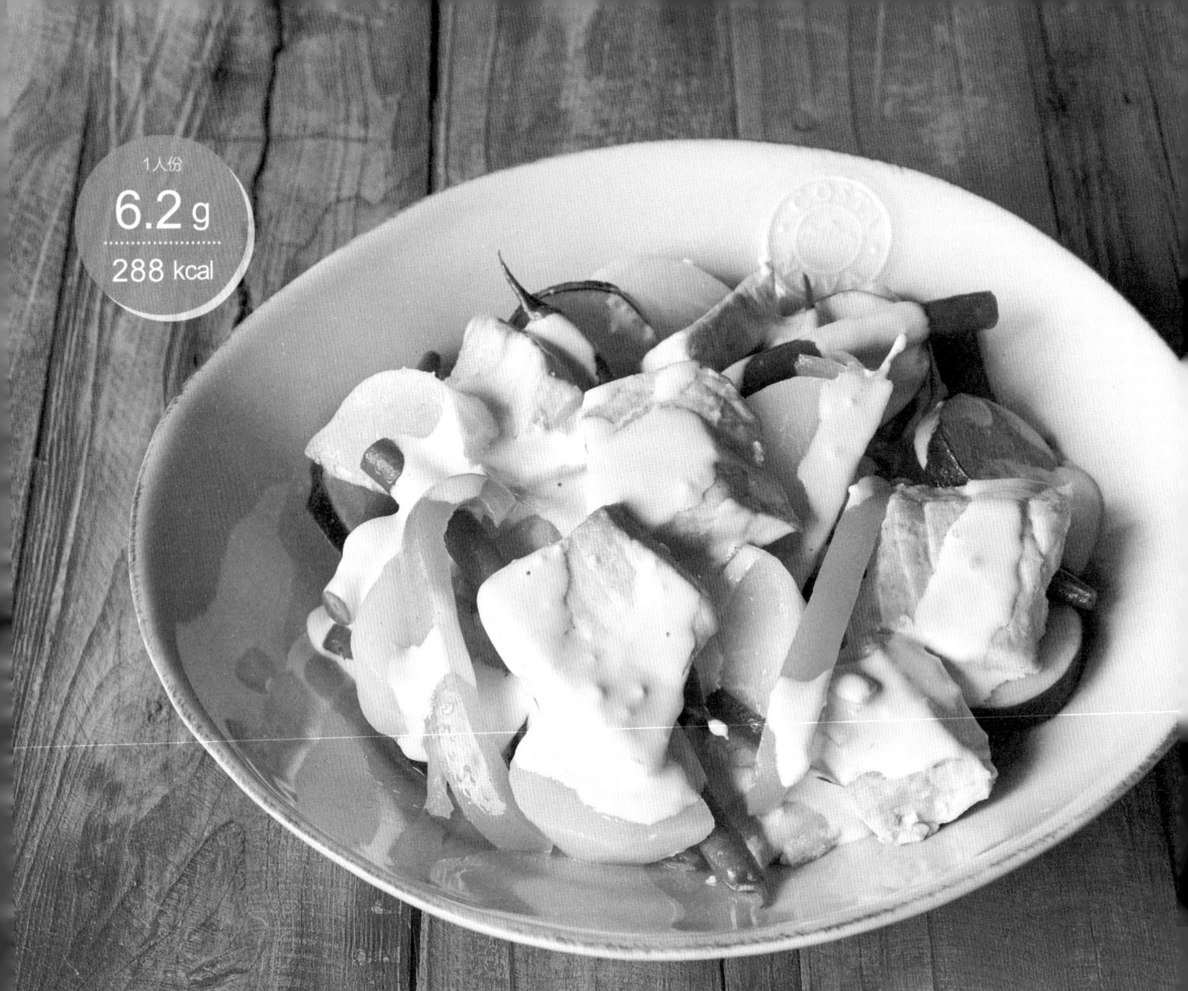

1人份
6.2g
288 kcal

黏稠的酱汁与热乎乎的蔬菜搭配和谐

# 芝士奶油旗鱼热沙拉

材料（2人份）

旗鱼…2块
芜菁…2个
扁豆…7根
西葫芦…1小根
黄甜椒…1/3小个
A 奶油芝士…40g
　鲜奶油…2大勺
　盐…1/4小勺
　蒜末、胡椒…各少许
盐、胡椒…各少许
橄榄油…1小勺

做法

1 旗鱼切成适口大小，撒盐、胡椒。芜菁留下1.5cm长的茎，择掉叶子，剥皮后分成6等份。扁豆切成两段，西葫芦切成1cm厚的圆形片，黄甜椒纵向切成1cm宽的条。
2 将奶油芝士放入耐热容器中，盖上耐热保鲜膜，用微波炉加热30秒左右，与材料A中的其他食材混合。
3 平底锅中倒入橄榄油，中火加热后放入旗鱼，双面煎烤后取出。放入芜菁、西葫芦、扁豆、黄甜椒，重新放入旗鱼，倒1/2杯水，盖上盖子中火焖6分钟左右。
4 装盘，淋酱汁。

**减糖重点**

**奶油芝士和鲜奶油的含糖量都较低**

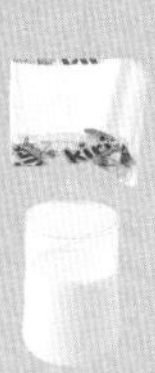

减糖期间可以使用高热量的低糖食材，奶油芝士和鲜奶油质地黏稠，能增加满足感，推荐使用。

蛋黄酱味的照烧鱼搭配生菜和绿紫苏，味道爽口

# 蛋黄酱照烧鲕鱼
# 茄子沙拉

**材料（2人份）**

鲕鱼…2块
茄子…2个
生菜…3~4片
绿紫苏…10片

A 蛋黄酱…2大勺
  酱油…1大勺

B 香油…1½大勺
  醋…1/2大勺
  盐…1/4小勺

盐…少许
淀粉…1/3小勺
香油…2大勺
炒白芝麻…适量

**做法**

1 鲕鱼切成适口大小，撒盐后静置5分钟，用厚纸巾擦干水分，撒薄薄一层过筛后的淀粉。茄子切圆片，用清水泡5分钟后擦干。

2 生菜、绿紫苏切丝，和材料B混合后装盘。

3 平底锅中倒入香油，中火将旗鱼煎2分钟，变焦黄色后翻面，推到锅边，双面煎茄子，加入混合均匀的材料A搅拌，放在步骤2的材料上，撒炒白芝麻。

**减糖重点**

低糖旗鱼富含EPA和DHA
旗鱼富含EPA和DHA，能降低血脂。减糖的同时还要注意健康。

不开火，做法简单，用鱼露调出的异国风味沙拉

# 金枪鱼白萝卜沙拉

**材料（2人份）**

金枪鱼刺身
（瘦肉）…1小块（150g）
白萝卜…100g
香菜…1/2把
红洋葱…1/4个

A 色拉油…1½大勺
  鱼露…1/2大勺
  红辣椒丁…
  1/2根的量
  盐、胡椒…各少许

**做法**

1 金枪鱼刺身切薄片，白萝卜切成2mm厚的半圆形，香菜切碎，红洋葱纵向切薄片。

2 金枪鱼和白萝卜交替装盘，将香菜和红洋葱混合后摆在上面。淋混合均匀的材料A。

**减糖重点**

选择金枪鱼瘦肉，低脂低糖
金枪鱼含糖量低，其中瘦肉的脂肪含量更低，能大幅降低热量。想要获得减重最佳效果，最好选择瘦肉。

1人份
**5.5 g**
571 kcal

1人份
**3.6 g**
200 kcal

1人份
4.0 g
225 kcal

三文鱼和味道清爽的白萝卜末搭配合适

# 白萝卜末裙带菜拌煎三文鱼

**材料（2人份）**

三文鱼…2块（200g）
裙带菜（盐腌）…40g
水菜…1/2把
蟹味菇…1袋
白萝卜末…150g
A│香油、酱油…各1大勺
　│醋…1/2大勺
　│盐…少许
盐…1/4小勺
色拉油…1/2大勺

**做法**

1 三文鱼切成适口大小，撒盐后静置5分钟，用厚纸巾擦干。

2 裙带菜冲洗干净，用足量水浸泡5分钟后沥干，撕成方便食用的大小。水菜切成5cm长的段，蟹味菇去根后分成小块。白萝卜末放在滤网上沥干水分。

3 平底锅中倒入色拉油，中火将蟹味菇炒至焦黄后取出。放入三文鱼煎3分钟，变成焦黄色后翻面，小火煎3分钟。

4 裙带菜、水菜、步骤3的材料和白萝卜末混合后装盘，淋混合均匀的材料A。

1人份
5.4 g
333 kcal

柠檬清爽，沙拉充分入味后味道可口

# 柠檬腌白萝卜青花鱼沙拉

**材料**

（易做的量，3~4人份）

白萝卜…10~12cm
青花鱼…2片
A│柠檬汁…2个柠檬的量
　│白砂糖…1小勺
　│盐…2/3小勺
　│黑胡椒碎…适量
　│橄榄油…3大勺
盐…适量
柠檬片…2~4片

**做法**

1 白萝卜切丝，撒少许盐后静置片刻，变软后用流水冲洗，充分拧干后加材料A混合。

2 青花鱼切成3cm宽，撒足量盐。烤鱼架预热2分钟，将青花鱼皮朝下烤五六分钟，翻面后继续烤四五分钟（如果使用双面烤鱼架，一共烤六七分钟）。趁热放入步骤1的材料中腌制入味。

3 装盘，搭配切成扇形的柠檬片。

**减糖重点**

**青花鱼中的DHA和EPA帮助健康减重**
青花鱼中含有DHA和EPA，能促进体内脂肪代谢，让血液流动更加顺畅。当然，青花鱼含糖量低，可以放心摄入，有健康减重的效果。

只需将鸡蛋对折后煎制的半月蛋

# 辣味中式酱汁
# 配半月蛋叉烧

材料（2人份）
鸡蛋…4个
叉烧（市售）…60g
生菜…60g
芹菜…1根
A│香油…1½大勺
　│酱油…1大勺
　│醋…1/2大勺
　│豆瓣酱…1/3小勺
色拉油…1/2大勺
小葱段…适量

做法
1 生菜撕成适口大小，芹菜削成薄片，叉烧切丝。
2 平底锅中倒入色拉油，中火加热后打入1个鸡蛋，底面凝固后对折，双面煎至焦黄。其他鸡蛋用同样的方法煎熟。
3 将步骤1的材料装盘，放上鸡蛋，淋混合均匀的材料A，撒小葱段。

### 减糖重点
每人吃2个鸡蛋，分量十足
以鸡蛋为主角的沙拉，每人吃2个鸡蛋。不仅含糖量低，而且分量十足，口感很好。

1人份
4.2 g
334 kcal

味道清淡的豆腐和猪肉泡菜的绝妙搭配

# 豆腐肉末泡菜
# 配蒸小松菜

材料（2人份）
嫩豆腐…1块（300g）
碎猪肉…100g
白菜泡菜…40g
小松菜…2棵
A│盐…少许
　│清酒…1大勺
　│淀粉…1小勺
B│酸橙酱油…2大勺
　│香油…1小勺

做法
1 小松菜在根部划开，洗净后切成4cm长的小段。嫩豆腐切成两半后再分成5等份，摆在平底锅中。碎猪肉和材料A混合后铺在豆腐上。
2 加1/2杯水，盖上盖子加热4分钟，趁热放小松菜，盖上盖子蒸3分钟。
3 沥去汤汁后装盘，放切成1cm宽的白菜泡菜，淋搅匀的材料B。

### 减糖重点
大量使用低糖食材
泡菜是发酵食物，能够改善肠道环境，因为含糖量高，所以要控制用量。可以大量使用含糖量低的豆腐、猪肉和小松菜，做出一道分量十足的料理。

1人份
7.0 g
247 kcal

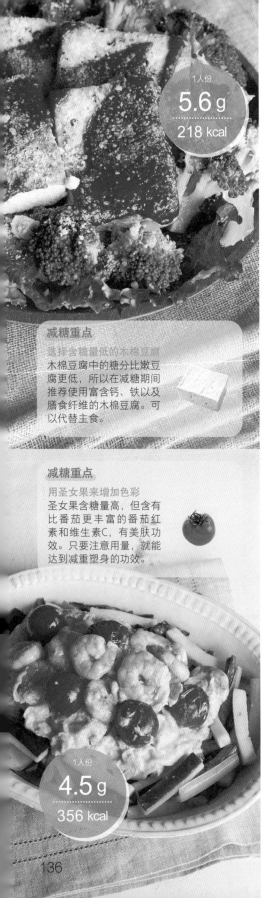

加入黄油的浓郁酱汁与芝士是绝配

# 番茄酱煎豆腐

**材料（2人份）**

木棉豆腐…1块
（300g）
西蓝花…1/2个
生菜…4~5片
盐…1/4小勺
黑胡椒碎…少许
A| 番茄酱…4大勺
 | 黄油…10g
 | 浓汤宝颗粒…
 | 1/3小勺
 | 盐、胡椒…各少许
橄榄油…1/2大勺
芝士粉…适量

**做法**

1 豆腐用厚纸巾包好，静置15分钟后沥干水分。切成两半后分成8等份，撒盐、黑胡椒碎。
2 西蓝花分成小朵，加少许盐（材料外）后用热水煮2分30秒，放在滤网上冷却。生菜撕成适口大小。
3 平底锅中倒入橄榄油，中火加热后放入豆腐，双面煎至焦黄后取出。
4 在锅中放材料A混合，煮沸。
5 将西蓝花、生菜和豆腐装盘，淋酱汁，撒芝士粉。

**减糖重点**
**选择含糖量低的木棉豆腐**
木棉豆腐中的糖分比嫩豆腐更低，所以在减糖期间推荐使用富含钙、铁以及膳食纤维的木棉豆腐。可以代替主食。

1人份
5.6 g
218 kcal

**减糖重点**
**用圣女果来增加色彩**
圣女果含糖量高，但含有比番茄更丰富的番茄红素和维生素C，有美肤功效。只要注意用量，就能达到减重塑身的功效。

加入蛋黄酱，炒蛋味道可口

# 虾仁圣女果炒蛋温沙拉

**材料（2人份）**

虾仁…120g
圣女果…6个
鸡蛋…3个
小松菜…1把
西葫芦…1根
A| 蛋黄酱…1大勺
 | 盐、胡椒…各少许
B| 鳀鱼末…2片的量
 | 橄榄油…1½大勺
 | 盐、胡椒…各少许
色拉油…1/2大勺

**做法**

1 小松菜切成5cm长的段，西葫芦切成5cm长的段后切成1cm粗的条。鸡蛋打散，加材料A搅拌。虾仁去掉虾线。
2 将西葫芦、小松菜放进耐热碗中，盖上耐热保鲜膜，用微波炉加热3分钟左右。沥干水分后加材料B搅拌，装盘。
3 平底锅中倒入色拉油，中火加热后将虾仁翻炒变色，加入圣女果翻炒片刻，倒入蛋液炒至半熟，盖在步骤2的材料上。

1人份
4.5 g
356 kcal

适合做早餐，拌上半熟蛋黄享用

# 香肠煎蛋沙拉

**材料（2人份）**
香肠…5根
鸡蛋…2个
生菜…2~3片
紫苜蓿…1/2包
沙拉菠菜…1/5包
A 香油…1大勺
酱油…2小勺
蒜末、盐、
胡椒…各少许
色拉油…1小勺

**做法**
1 生菜撕成适口大小，沙拉菠菜切小片，香肠纵向切成两片。
2 将生菜、沙拉菠菜、紫苜蓿装盘。
3 平底锅中倒入色拉油，中火翻炒香肠后取出。将鸡蛋煎至半熟，和香肠一起盖在步骤2的材料上。淋混合均匀的材料A。

> **减糖重点**
> 鸡蛋低糖且营养丰富、做法简单
> 鸡蛋制作方便，而且含糖量低，富含优质蛋白，营养丰富。推荐在忙碌的早晨食用。

1人份
**3.2 g**
324 kcal

豆腐柔软，和蛋黄酱搭配适宜

# 豆腐三文鱼饼水菜沙拉

**材料（2人份）**
木棉豆腐…1小块
（200g）
三文鱼…150g
洋葱…1/6个
水菜…适量
淀粉…1大勺
盐、胡椒…各少许
A 蘸面汁（3倍
浓缩）…2大勺
水…1/2杯
淀粉…2小勺
色拉油…2小勺
蛋黄酱…适量

**做法**
1 豆腐用厚纸巾包好，放在耐热盘中，用微波炉加热2分钟左右，放在滤网中，压重物静置10分钟，沥干水分。
2 三文鱼用刀拍松后切碎，洋葱切碎，水菜切丁。将材料A混合均匀。
3 在碗里放入豆腐、三文鱼、洋葱，加淀粉、盐、胡椒后搅拌均匀，团成8个圆饼。
4 平底锅中倒入色拉油，将圆饼中火煎2分钟左右，变色后翻面，盖上盖子煎1分30秒左右。打开盖子加材料A炖煮。在盘子里铺好水菜，放豆腐鱼肉饼，淋蛋黄酱。

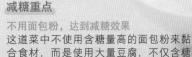

> **减糖重点**
> 不用面包粉，达到减糖效果
> 这道菜中不使用含糖量高的面包粉来黏合食材，而是使用大量豆腐，不仅含糖量低，而且口感更柔软。

1人份
**13.2 g**
306 kcal

# 美体瘦身沙拉酱

市售沙拉酱大多高糖、高热量，需要格外注意。
下面将为大家介绍能轻松自制的沙拉酱，只需要在瓶子里放好调味料，摇匀即可。

**1人份 0.6 g / 59 kcal**

橄榄油酱油搭配和谐

### 日式橄榄酱油

材料（易做的量）
橄榄油…4大勺
酱油…2½大勺
醋…2大勺

#### 可搭配

☐ 用豆腐等日式食材制作的沙拉
☐ 烤牛肉沙拉

**1人份 0.1 g / 83 kcal**

清爽的柠檬风味

### 鳀鱼柠檬

材料（易做的量）
鳀鱼末…5片
柠檬皮（切丝）…1/3个
橄榄油…4½大勺
白葡萄酒醋…1½大勺
盐、胡椒…各少许

#### 可搭配

☐ 温蔬菜沙拉
☐ 土豆等薯类沙拉

**1人份 0.9 g / 35 kcal**

柔和的咖喱风味很可口

### 咖喱酸奶蛋黄酱

材料（易做的量）
原味酸奶…4大勺
蛋黄酱…2大勺
柠檬汁…1/2大勺
咖喱粉…1½小勺
盐…1/3小勺
胡椒…少许

#### 可搭配

☐ 鸡肉、旗鱼等味道清淡的食材
☐ 南瓜等口感绵密的食材

**1人份 0.2 g / 82 kcal**

芥末和葡萄酒醋很配

### 芥末酒醋

材料（易做的量）
橄榄油…4大勺
白葡萄酒醋…2大勺
芥末…1小勺
盐…1/2小勺
胡椒…少许

#### 可搭配

☐ 生火腿、芝士沙拉
☐ 三文鱼等西式沙拉

**1人份 0.1 g / 105 kcal**

用黑胡椒提味

### 蒜香咸味酱汁

材料（易做的量）
香油…4大勺
醋…1大勺
盐…2/3小勺
蒜末、黑胡椒碎…各少许

#### 可搭配

☐ 简单的海藻沙拉等
☐ 肉、鱼、油豆腐等富含蛋白质的沙拉

**1人份 0.7 g / 71 kcal**

加入少量伍斯特郡酱

### 凯撒沙拉酱

材料（易做的量）
蛋黄酱…4大勺
牛奶…1大勺
白葡萄酒醋…2小勺
盐…1/4小勺
蒜末、伍斯特郡酱、黑胡椒碎…各少许

#### 可搭配

☐ 加入鸡肉、培根的绿叶菜沙拉

**1人份 0.9 g / 70 kcal**

用酱汁调出异国风味

### 异国风味酱汁

材料（易做的量）
蒜末…少许
红辣椒丁…1根
色拉油…4大勺
鱼露、柠檬汁…各1½大勺
白砂糖…1小勺

#### 可搭配

☐ 粉丝、香菜等做成的泰式粉丝沙拉
☐ 炸豆腐、炸鱼等

**1人份 0.8 g / 49 kcal**

享受生姜的口感

### 中式生姜汁

材料（易做的量）
姜丝…1块
香油、酱油…各3大勺
醋…1大勺

#### 可搭配

☐ 猪肉片、煮鸡肉等
☐ 使用香味蔬菜制作的沙拉

# Part 4

## 暖身、量大
# 减糖汤、炖菜、火锅

介绍能温暖身心、填饱肚子的治愈系汤、
炖菜和火锅。
汤和炖菜可保存好几天，味道浓郁可口。
火锅是不需要配米饭也能吃饱的优质料理。

# 汤

汤能轻松提高饱腹感，
食材丰富的汤能够在减重过程中补充营养，
令人身心愉悦。

1人份
**3.3 g**
233 kcal

推荐作为早餐或晚餐，
加入大量蔬菜的汤

## 海鲜巧达汤

**减糖重点**

~~不加土豆，用鲜奶油
增加黏稠度~~
不使用含糖量高的土
豆，加入大量种类丰
富的蔬菜，口感清
脆。浓稠的鲜奶油能
进一步提高满足感。

**材料（2人份）**

蛤蜊（去砂）…400g　　水…3杯
培根…1片　　　　　　鲜奶油…3/4杯
洋葱…1/4个　　　　　清酒…2小勺
芹菜…1根　　　　　　盐…1/4小勺
圆白菜…1大片　　　　胡椒…少许
西蓝花…80g　　　　　黄油…1大勺
蟹味菇…1/2包

**做法**

1 蛤蜊和清酒一起放入锅中，盖上盖子，煮至烫嘴后关火，取出，汤汁备用。

2 洋葱和芹菜切成小方块，圆白菜切大片，西蓝花和蟹味菇分成小朵，培根切成1cm宽的条。

3 在锅中将黄油化开，洋葱、芹菜炒至入味后放圆白菜和培根。加水、蛤蜊汤汁后盖上盖子，水沸后煮10分钟左右。

4 放西蓝花和蟹味菇煮四五分钟，放蛤蜊肉、鲜奶油、盐和胡椒煮沸。

加入煮黄豆，口感好又健康

# 意式杂菜汤

材料（易做的量）
猪里脊肉（炸猪排
用）…1块
煮黄豆…100g
洋葱…1/4个
胡萝卜…40g
芹菜…1/2根
西葫芦…1/2根
番茄罐头…100g
水…3杯
固体浓汤宝
（清汤）…1/2个
辣椒粉…1大勺
盐、胡椒…各适量
橄榄油…1大勺

做法

1 猪里脊肉切块，撒少许盐和胡椒。洋葱、胡萝卜、芹菜、西葫芦切成1cm见方的块。

2 锅中倒入橄榄油，翻炒猪里脊肉和洋葱，加入胡萝卜、芹菜、西葫芦继续翻炒。加水、固体浓汤宝后盖上盖子，煮沸后小火煮15分钟左右。

3 加煮黄豆、番茄、辣椒粉、1/5小勺盐、少许胡椒，继续煮七八分钟。

减糖重点

加入大量含糖量低的黄豆
意式杂菜汤里加入煮黄豆后更有嚼劲，而且能够摄入膳食纤维。辣椒粉有燃脂效果，加入后减重效果更佳。

1人份
4.4 g
162 kcal

奶油汤味道丰富，分量十足

# 甜虾法式浓汤

材料（2人份）
甜虾（带头、
带壳）…300g
A 洋葱…1/4个
　芹菜…1/4根
　胡萝卜…1/4根
菜花…1/2个
番茄罐头（块）…
100g
蒜（捣碎）…1瓣
白葡萄酒…1大勺
水…3杯
月桂叶…1片
盐…1/2小勺
牛奶…1/2杯
橄榄油…1小勺

做法

1 甜虾去头、剥壳、去尾（头和壳备用），焯水。将材料A切薄片。菜花分成小朵。

2 锅中倒入橄榄油，加蒜和材料A炒软后加入虾头和虾壳，炒出香味。

3 加白葡萄酒、番茄翻炒，然后加水、月桂叶煮沸，捞出浮沫后继续煮30分钟。

4 用搅拌机把步骤3的材料搅成糊，过滤后倒回锅中，加入菜花煮三四分钟，加盐、虾肉稍煮片刻。

5 盛出，倒入打出泡沫的牛奶。

减糖重点

加入含糖量低的食材，提高满足感
法式浓汤大多会将食材全部打成糊，而这道菜保留了食材的原状，做成了一道有嚼劲的汤品。含糖量低的菜花很适合制作这道料理。

1人份
9.2 g
154 kcal

1人份
6.5 g
285 kcal

1人份
14.0 g
139 kcal

使用多种菌类，温暖的浓汤

# 蘑菇浓汤

材料（易做的量）
舞菇、蟹味菇、
杏鲍菇等…共300g
洋葱…1/2个
水…1杯
月桂叶…1片
A| 鲜奶油…1杯
　| 豆奶…1杯
　| 味噌…1小勺
黄油…10g
盐…1/2小勺
胡椒…少许

做法
1 舞菇、杏鲍菇切薄片，
蟹味菇分成小朵。
2 洋葱切碎。
3 锅中加热黄油后将洋葱炒
软，加所有蘑菇、水、月桂
叶，盖上盖子煮10分钟左右。
4 拣出月桂叶，将步骤3的
材料放入搅拌机中，加材
料A后搅拌成糊。
5 倒回锅中加热，撒盐、
胡椒。

减糖重点

用豆奶代替牛奶更健康
用豆奶代替牛奶能减少糖分。从大量菌类中摄取膳食
纤维，有助于解决便秘问题。

享受食材切碎后的口感

# 鹰嘴豆培根浓汤

材料（2人份）
培根…1/2片
鹰嘴豆罐头…60g
金针菇…1包
洋葱…1/2个
胡萝卜…1/3根
水…1$\frac{1}{2}$杯
盐…1/3小勺
牛奶…1/2杯
黑胡椒碎…适量

做法
1 金针菇去根，切成1cm长
的小段。洋葱、胡萝卜、
培根切丝。
2 将鹰嘴豆、步骤1的材料
和水放入锅中，煮沸后捞
出浮沫，煮10～15分钟。
3 压扁豆子，加牛奶再次煮
沸后撒少许盐和黑胡椒碎。
4 盛出，撒少许黑胡椒碎。

减糖重点

豆类和菌类有双重解毒功效
豆类和菌类不仅含糖量低，而且膳食
纤维含量也数一数二。它们能够吸收
肠道内的水分，排出有害物质。

绿色浓汤

菜花浓汤

红色浓汤

1人份
**4.4 g**
60 kcal

1人份
**3.7 g**
217 kcal

1人份
**2.7 g**
214 kcal

**制作重点**

可做好后冷冻保存

浓汤可以放在冷冻专用保鲜袋中冷冻保存，晚上移到冷藏室中解冻，第二天早上只需加热即可。

忙碌的早晨，可以轻松作为早餐的补充

# 可保存浓汤

### 红色浓汤

材料（易做的量）
红甜椒…1/2个
番茄罐头…150g
洋葱…1/4个
原味酸奶…5大勺
鲜奶油…1/2杯
水…2杯
固体浓汤宝
（清汤）…1/2个
盐…1/2小勺
胡椒…少许
橄榄油…1大勺

做法
1 红甜椒切块，洋葱切薄片。
2 锅中倒入橄榄油，将洋葱炒软后加入红甜椒继续翻炒。加水、固体浓汤宝、番茄，盖上盖子，煮沸后调小火，继续煮10分钟左右。
3 散热后倒入搅拌机中，加酸奶搅拌成糊。
4 倒回锅中煮沸，加鲜奶油、盐、胡椒，再次煮沸。

### 菜花浓汤

材料（易做的量）
菜花…200g
洋葱…1/4个
嫩豆腐…100g
鲜奶油…3/4杯
水…2杯
固体浓汤宝
（清汤）…1/2个
盐…3/4小勺
胡椒…少许
黄油…1大勺

做法
1 菜花分成小朵后焯熟，洋葱切薄片。
2 锅中化开黄油，洋葱炒软后加菜花继续翻炒。加水、固体浓汤宝后盖上盖子，煮沸后小火煮10分钟左右。
3 散热后倒入搅拌机中，加入嫩豆腐，搅拌成糊。
4 倒回锅中煮沸，加鲜奶油、盐、胡椒，再次煮沸。

### 绿色浓汤

材料（易做的量）
菠菜…200g
洋葱…1/4个
嫩豆腐…100g
鲜奶油…3/4杯
水…2杯
固体浓汤宝
（清汤）…1/2个
盐…3/4小勺
胡椒…少许
黄油…1大勺

做法
1 菠菜切成大块，洋葱切薄片。
2 锅中化开黄油，洋葱炒软后加菠菜继续翻炒。加水、固体浓汤宝后盖上盖子，煮沸后小火煮10分钟左右。
3 散热后倒入搅拌机中，加入嫩豆腐搅拌成糊。
4 倒回锅中煮沸，加鲜奶油、盐、胡椒，再次煮沸。

**1人份**
**9.4 g**
157 kcal

用竹荚鱼轻松完成

# 汆鱼丸汤

材料（2人份）
竹荚鱼…2条
白菜…200g
香菇…2个
海带高汤…3杯
A｜姜末…1块的量
　｜味噌…2小勺
　｜清酒…1/2大勺
　｜淀粉…1/2大勺
B｜盐…1/2小勺
　｜酱油…2小勺
　｜清酒…1大勺
小葱段…2根

做法
1 竹荚鱼刮掉鳞后压扁，放进料理机中，加材料A打成糊。
2 白菜叶和帮分开，叶子切碎，帮切成4cm长的条。香菇切片。
3 锅中放入高汤、白菜帮煮5分钟，用勺子舀起鱼丸放进锅中，加白菜叶后稍煮片刻，用材料B调味。
4 盛出，撒小葱段。

**减糖重点**

青背鱼含糖量低，有降血脂的功效
竹荚鱼、青花鱼、金枪鱼等青背鱼有降血脂的功效。能达到健康减重的目的，还能缓解肩部酸痛和寒证。

**1人份**
**5.9 g**
153 kcal

加入大块食材，口感劲道

# 西式芝士蛋花汤

材料（2人份）
蛋液…1个的量
木棉豆腐…1/2块
番茄…1个
西蓝花…1/2个
培根…1/2片
水…3杯
固体浓汤宝
（清汤）…1个
盐…1/4小勺
胡椒…少许
芝士粉…1小勺

做法
1 豆腐、番茄切块，培根切成1.5cm宽的条，西蓝花分成小朵。
2 锅中放水、固体浓汤宝、豆腐、番茄和培根，煮沸后捞出浮沫，再煮5分钟，加西蓝花、盐、胡椒后再煮片刻。
3 倒入蛋液，加大火候，等鸡蛋浮起后关火。
4 盛出，撒芝士粉。

**减糖重点**

芝士和培根是关键
豆腐和鸡蛋低糖并且富含蛋白质，是这道汤的主角。芝士和培根能够增加黏稠度和饱腹感。

食材量足，有嚼劲的日式汤品

# 日式杂烩汤

材料（2人份）
木棉豆腐…1/2块
白萝卜…150g
胡萝卜…1/3根
牛蒡…1/3根
扁豆…50g
高汤…3杯
A| 盐…1/2小勺
　| 酱油、清酒…
　| 各1大勺
香油…1小勺
七味唐辛子…少许

做法
1 白萝卜、胡萝卜切成5mm厚的扇形，牛蒡斜切成5mm厚的段。扁豆斜切成3等份。豆腐用厚纸巾包好，静置片刻后沥干水分。
2 锅中倒入香油加热，豆腐用手撕成适口大小，放入锅中翻炒。加白萝卜、胡萝卜、牛蒡后简单翻炒。
3 加入高汤，煮沸后捞出浮沫，盖上盖子煮15分钟左右。蔬菜变软后加入扁豆稍煮片刻，用材料A调味。
4 盛出，撒七味唐辛子。

1人份
**8.8 g**
140 kcal

1人份
**11.0 g**
123 kcal

**减糖重点**

大量使用含糖量低的白萝卜
低糖的白萝卜是重点。根菜大多含糖量高，但富含膳食纤维，可以适当摄入，缓解便秘。

洋葱炒至柔软，香甜可口

# 洋葱牛肉汤

材料（2人份）
洋葱…2个
牛肉馅…50g
水…2杯
色拉油…1小勺
盐…1/2小勺
黑胡椒碎…少许

做法
1 洋葱尽可能切薄，平底锅中倒入色拉油，将洋葱炒软。
2 加入牛肉馅炒散。
3 加水煮沸，捞出浮沫，用盐、黑胡椒碎调味。

**减糖重点**

调味简单，充分展现食材的味道
为了强调洋葱的甜味和肉馅的鲜味，只用盐、黑胡椒调味。不使用多余的调味料，能够控制糖分。

辣椒后劲十足，
利用辣椒的发汗作用加快代谢

# 韩式泡菜汤

材料（易做的量）
白菜泡菜…150g
猪腿肉片…100g
木棉豆腐…1/3块
西葫芦…1根
金针菇…1包
大葱…1/3根
小鱼干高汤…2½杯
A 味噌、韩式辣酱…各1大勺
蒜末…少许

做法

1 白菜泡菜撕开，猪腿肉片切成适口大小，豆腐切成方便食用的大小，西葫芦切成5mm厚的圆片，金针菇去根后切成两段，大葱斜切成薄片。

2 将高汤、混合均匀的材料A放入锅中，加泡菜、豆腐、猪肉片煮沸后捞出浮沫。

3 加入西葫芦、金针菇、大葱，继续煮4分钟左右。

## 减糖重点

利用低糖食材和辣椒素减重
猪肉、豆腐和菌类都是低糖食材，泡菜中的辣椒素能够加快血液循环，促进发汗，有燃脂效果。

1人份
**14.3** g
230 kcal

虾要事先煎过，增加鲜味和黏稠度

# 泰式酸辣海鲜汤

**材料（易做的量）**
虾…8只
洋葱…1/2个
口蘑…1包
番茄…1个
蒜…1瓣
姜…1块
豆瓣酱…1~1½小勺
鸡架高汤…3杯
A ┌ 鱼露…1½大勺
　├ 柠檬汁…1大勺
　└ 盐、胡椒…各少许
色拉油…1大勺

**做法**
1 虾去虾线。
2 洋葱、姜、蒜切碎。
3 口蘑纵向切成两半，番茄切成适口大小。
4 锅中倒入色拉油加热，将虾煎至表面焦黄，出香味后取出。
5 在锅中放步骤2的材料和豆瓣酱，翻炒出香味、食材变软后把虾倒回锅中，加口蘑、番茄和鸡架高汤后煮5分钟左右，用材料A调味。

食用时可以撒香菜末。

1人份
**4.8** g
106 kcal

---

用健康的方式品尝人气泰国料理

# 绿咖喱汤

**材料（2人份）**
鸡胸肉（去皮）…1小片
水煮竹笋…150g
圣女果…6个
西蓝花…1/2个
绿咖喱酱…1大勺
椰奶…2/3杯
水…2杯
A ┌ 鱼露…2小勺
　└ 白砂糖…1/2小勺
色拉油…1小勺

**做法**
1 鸡胸肉切成适口大小，竹笋纵向切成两半，然后切成1cm宽的丝。西蓝花分成小朵，圣女果去蒂。
2 锅中倒入色拉油，小火将绿咖喱酱炒出香味后加鸡胸肉，中火翻炒变色后加竹笋、水。
3 煮沸后捞出浮沫，煮六七分钟后加椰奶、圣女果和西蓝花。再次煮沸后煮2分钟左右，用材料A调味。

1人份
**8.8** g
300 kcal

### 减糖重点

**块状蔬菜有嚼劲**
竹笋、西蓝花等蔬菜含糖量低，有嚼劲、分量足，做出的汤口感劲道。番茄能增添色彩。

**1人份**

**7.1g**

76 kcal

**减糖重点**

绿叶菜保留清脆的口感
鲜美的蛤蜊汤里加入含
糖量低的香菜和生菜，
做出健康的汤。迅速煮
好后保留清脆的口感。

迅速煮好，水灵灵的蔬菜味道可口

# 蛤蜊香菜汤

**材料（2人份）**
蛤蜊（带壳）…300g
香菜…4根
生菜…4片
圣女果…10个
水…3杯
清酒…1大勺
A 鱼露…1大勺
白砂糖…1/2小勺
色拉油…1/2小勺

**做法**
1 蛤蜊用盐水（5杯水加
1小勺盐，材料外）浸泡两
三个小时，吐沙。香菜切
下根部，摘下叶子，茎部
切成2cm长的段。生菜切
大块，圣女果切成两半。
2 锅中倒入色拉油加热，
将香菜根炒出香味后加
蛤蜊迅速翻炒，加水、清
酒，大火炖煮。捞出浮沫，
等蛤蜊开口后调中火，用
材料A调味。
3 加生菜、圣女果后稍煮
片刻。
4 盛出，撒香菜叶和茎。

利用葡萄酒醋的酸味和芥末做出美味的汤

# 德式泡菜香肠圆白菜汤

**材料（2人份）**
香肠…4根（60g）
圆白菜…300g
盐…1小勺
白葡萄酒醋…1大勺
A 水…3杯
芥末…1大勺
固体浓汤宝
（清汤）…1个
盐…少许

**做法**
1 香肠切块。圆白菜切丝，
撒盐揉搓，变软后拧干，
加白葡萄酒醋混合均匀。
2 锅中放入圆白菜和材料
A，煮沸后捞出浮沫，煮15
分钟左右，加入香肠再煮5
分钟。

**减糖重点**

圆白菜能增加胃动力，调养身体
圆白菜富含维生素U和维生素C，有保
护胃黏膜、缓解疲劳的功效。含糖量
低，适合减重期间食用。

**1人份**

**7.9g**

155 kcal

辣味让人上瘾，还能加快新陈代谢

# 担担汤

材料（2人份）
鸡肉馅…120g
韭菜…1把
大葱…1/5根
蒜…1瓣
姜…1块
红辣椒丁…2根的量
清酒…1大勺
A | 味噌…1小勺
　 酱油…1/2大勺
　 中式浓汤宝
　 颗粒…1小勺
　 热水…2杯
　 白芝麻末…2大勺
　 醋…1大勺
辣椒油…1/2小勺

做法
1 韭菜切成3cm长的段，大葱、蒜、姜切碎。
2 锅中放入鸡肉馅、红辣椒丁、清酒，搅拌均匀后小火加热，用筷子搅拌。鸡肉馅炒散后加葱、姜、蒜炒出香味。
3 加材料A，中火煮沸后捞出浮沫，再煮3分钟，加入韭菜后搅匀。
4 盛出，滴辣椒油。

1人份
**5.3** g
186 kcal

牛肉味道鲜美，韩式特色汤

# 传统辣味牛肉汤

材料（2人份）
牛肉片（瘦肉）
…140g
金针菇…1包
水芹…50g
豆芽…1/2袋
A | 酱油、
　 清酒…各1大勺
　 白砂糖…1/2小勺
　 韩式辣酱…1½大勺
　 蒜末…1瓣
　 香油…1小勺
　 白芝麻末…1小勺
水…2½杯

做法
1 牛肉片切成5cm宽的条，金针菇去根后切成两段，水芹切成5cm长的段。
2 锅中放入牛肉片和材料A搅拌均匀，炒至肉变色后加水，煮沸后捞出浮沫，加豆芽、金针菇煮7分钟左右。
3 加水芹，稍煮片刻。

**减糖重点**
牛瘦肉可补铁，预防贫血减肥时容易缺铁，导致贫血、月经不调、肩酸等问题。要有意识地摄入含糖量低、含铁量丰富的牛肉。

1人份
**11.6** g
235 kcal

# 炖菜

用肉类食材炖煮，做成味道醇厚的料理，
味道鲜美，既能暖身又能饱腹，
组合低糖食材和调味料，尽情享用吧。

1人份
**10.1g**
183 kcal

**减糖重点**

用洋葱和番茄增加甜
味和黏稠度

炒过的洋葱和番茄煮
软后会增加天然的甜
味和鲜味。不需要含
糖量高的面粉，即可
增加黏稠度。

用牛肉和大量蔬菜做成的
一道丰盛炖菜

加入炖扁豆，让色
彩更丰富。

## 炖牛肉

材料（4人份）
牛肉（炖肉用，
瘦肉最佳）…300g
洋葱…1个
胡萝卜、水芹…各1根
扁豆…20根
番茄罐头（块）…200g
红葡萄酒…3大勺
A｜盐…1小勺
　胡椒…少许

B｜水…4杯
　固体浓汤宝
　（清汤）…1/2个
　月桂叶…1片
C｜中浓酱汁…1/2大勺
　蚝油…1/2大勺
　盐、胡椒…各少许
面粉…少许
色拉油…1/2大勺

做法
1 牛肉上撒材料A和面粉，洋葱切碎，胡萝
卜、水芹切成适口大小，扁豆焯后切成两段。
2 平底锅中倒入色拉油，放入牛肉煎熟后取
出。放洋葱炒至焦黄色，加红葡萄酒煮沸后
关火。
3 锅里加入步骤2的材料、番茄，煮沸后加
材料B，再次煮沸后捞出浮沫，加胡萝卜、
水芹、材料C，继续煮20分钟。装盘，搭配
扁豆。

黏稠度恰到好处，酸奶油的酸味可口

# 俄罗斯酸奶油牛肉

材料（2人份）
牛肉片…400g
洋葱…1/4个
口蘑…6个
蟹味菇…1包
蒜…1/4瓣
酸奶油…1杯
A｜水…1杯
　｜固体浓汤宝
　｜（清汤）…1/2个
　｜月桂叶…1片
盐…2/3小勺
胡椒…适量
黄油…2大勺
B｜淀粉…1小勺
　｜水…2小勺

做法
1 牛肉片切成适口大小，撒1/3小勺盐、少许胡椒。
2 洋葱、口蘑切片，蒜切碎，蟹味菇去根后撕开。
3 锅中放入1大勺黄油化开，将牛肉煎熟后取出。
4 在锅中放入1大勺黄油化开，将洋葱和蒜炒软后加入牛肉、菌类和材料A煮沸，盖上盖子再煮15分钟左右。加酸奶油、1/3小勺盐、少许胡椒调味，加入混合均匀的材料B增加黏稠度，煮沸。

### 减糖重点

酸奶油可以增加黏稠度
酸奶油比奶油芝士和鲜奶油糖分更低，可以大量添加以增加黏稠度，酸味同样可口。

充分入味的牛肉和魔芋让人停不了口

# 煮牛筋

材料（4人份）
牛筋肉…500g
魔芋…1片
大葱…1/2根
A｜水…4$\frac{1}{2}$杯
　｜姜（切片）…1块
　｜清酒…2大勺
白砂糖…1大勺
酱油…2$\frac{1}{2}$大勺

做法
1 将牛筋肉放入沸水中，再次煮沸后沥干，切成适口大小。
2 魔芋撕碎后焯水。大葱切成2cm长的段，用平底锅煎。
3 锅中加入材料A和牛筋肉后开火，盖上盖子煮沸，小火炖40分钟左右。
4 肉变软后加步骤2的材料、白砂糖、酱油，继续炖30分钟左右。

煮牛筋上可以撒葱丝和七味唐辛子。

1人份
3.8 g
513 kcal

1人份
5.2 g
208 kcal

1人份
**10.6** g
210 kcal

能吃到大量蔬菜，
经典的西式炖菜

# 蔬菜炖肉

材料（4人份）
猪腿肉…300g
洋葱…1个
芹菜…1根
圆白菜…1/2个
胡萝卜…1根
A 水…4杯
 月桂叶…1片
 白葡萄酒…2大勺
盐…适量
胡椒…少许
芥末粒…适量

做法
1 猪腿肉切成4等份，撒少许盐
和胡椒。洋葱、芹菜、圆白菜
分别切成4等份，胡萝卜切成
两段后切成方便食用的条。
2 将猪腿肉和材料A放入锅中，
煮沸后捞出浮沫，盖上盖子，
留一条缝，小火炖60分钟。
3 加入洋葱、芹菜、胡萝卜、
圆白菜，继续炖20分钟，加盐
调味。
4 装盘，配芥末粒。

减糖重点

使用大块肉，口感更
劲道
猪肉低糖、高蛋白，
是减肥时能安心食用
的食材。肉切成大块
更有嚼劲，能提高满
足感。

煮至黏稠，味道香甜的白菜和猪排骨搭配和谐

# 异国风味排骨炖蔬菜

### 材料

（易做的量，6~8人份）

猪排骨…8小根

大葱…1/2根

白菜…4片

香菇…4个

A 水…4½杯

　　大蒜…1/2瓣

　　姜片…2片

　　红辣椒…1/2根

B 鱼露…1大勺

　　酱油…1/2大勺

　　胡椒…少许

盐…1/3小勺

胡椒…少许

香油…2小勺

香菜末…适量

### 做法

1 猪排骨上撒盐、胡椒。平底锅中倒入香油，将排骨煎至变色。

2 大葱切成3cm长的段。白菜帮斜刀切片，叶子切大片。香菇去根后切成两半。

3 锅中放入材料A和排骨，煮沸后小火炖30分钟左右。

4 加入步骤2的材料和材料B后继续炖20~30分钟。装盘，配香菜末。

香菜让味道
更加出众。

1人份

**1.7 g**

121 kcal

**减糖重点**

~~推荐使用鱼露调味~~

减肥时过于注重选择低糖食材，容易导致味道太清淡。可以用鱼露调出异国风味的炖菜。

---

牛肉软烂，俄罗斯传统料理

# 罗宋汤

### 材料

（易做的量，6~8人份）

牛肉块（浓汤用）…500g

甜菜罐头…100g

洋葱…1/4个

圆白菜…5片

胡萝卜…50g

芹菜…1根

蒜…1/2瓣

番茄酱…1/2杯

水…6杯

月桂叶…1片

红辣椒…1/2根

盐、胡椒…各适量

橄榄油…1大勺

酸奶油…适量

### 做法

1 牛肉切成8等份，加1小勺盐、少许胡椒、月桂叶和红辣椒后放入沸水中，盖上盖子，煮沸后小火炖40分钟左右。

2 洋葱切成扇形，圆白菜切大块，胡萝卜切条。芹菜去筋后切成3cm长的段，蒜纵向切成两半。

3 平底锅中倒入橄榄油，迅速翻炒步骤2的材料，放入牛肉后炖15分钟。

4 加甜菜（切成方便食用的大小）、番茄酱、少许盐、胡椒，煮沸后继续煮10分钟左右。食用时配酸奶油。

加入酸奶油后更正宗。

1人份

**4.0 g**

197 kcal

**减糖重点**

~~推荐使用罐装甜菜~~

新鲜甜菜不容易购买到，用甜菜罐头可以省去煮制时间，使用更方便。

多种香辛料调味，芳香扑鼻

# 香料辣豆

**材料（4人份）**
牛肉馅（瘦肉最佳）…200g
红芸豆罐头…1罐（240g）
番茄罐头（块）…1罐（400g）
洋葱…1个
蒜…1瓣
青椒…2个
口蘑…1包
红葡萄酒…2大勺
A｜孜然粉…1小勺
　｜辣椒粉…1大勺
B｜水…1杯
　｜固体浓汤宝（清汤）…1/2个
盐…1小勺
胡椒…少许

**做法**
1 洋葱、蒜、青椒切碎。口蘑切薄片。
2 锅中放入牛肉馅、红葡萄酒搅拌均匀，肉馅炒散后加步骤1的材料，炒至水分蒸发。
3 加材料A继续翻炒出香味后加番茄，煮沸后加材料B、红芸豆，用中小火煮20分钟，用盐、胡椒调味。

**1人份**
**14.9 g**
239 kcal

煮至软烂的牛肉味道鲜美

# 红酒炖牛肉

**材料（易做的量）**
牛腿肉…500g
洋葱…1/2个
口蘑…1包
蒜…1瓣
红葡萄酒…3³/₄杯
柠檬汁…少许
香料包…1个
固体浓汤宝（清汤）…1个
盐、胡椒…各适量
面粉…适量
黄油…2大勺
色拉油…2小勺
鲜奶油…适量

**做法**
1 牛腿肉切成1.5～2cm厚的块，撒少许盐和胡椒后撒一层面粉。用平底锅化开黄油，将牛肉表面煎熟。
2 蒜切碎，洋葱切成1cm厚的条，锅中倒入色拉油，将蒜、洋葱炒软。
3 加入牛肉，倒红葡萄酒、固体浓汤宝、香料包。煮沸后捞出浮沫，小火炖1小时左右。
4 口蘑去根，纵向切成两半，蘸柠檬汁后放入锅中煮三四分钟，用盐、胡椒调味。食用时淋鲜奶油。

**1人份**
**5.2 g**
343 kcal

**制作重点**
**用市售香料包简单方便**
炖肉会有些许腥味，可以加入多种香料去腥，使用市售香料包简单方便。

充分入味，适合提前做好保存

# 关东煮

材料（易做的量）
牛筋…300g
白萝卜…400g
魔芋…1片
海带结…8个
油豆腐…4块
煮鸡蛋…4个
水煮鱿鱼…150g
蘸面汁（3倍浓缩）…1/4杯
酱油…1大勺
盐…1/2小勺
芥末、芥末粒等…各适量

做法

1 牛筋切成方便食用的大小，炖煮3个小时，保留汤汁。

2 白萝卜切成2cm厚的圆片，炖煮30分钟。

3 魔芋上划出格子，切成4等份的三角形，煮2分钟左右。海带结泡开，保留3杯汤汁。

4 将上述材料、油豆腐、煮鸡蛋、步骤1和步骤3的汤汁、蘸面汁、酱油、盐倒入锅中，大火煮沸后小火炖30分钟，加入切成适口大小的鱿鱼煮2分钟，关火。食用时根据个人口味配芥末、芥末粒。

## 减糖重点

要在选择食材和调味时注意减糖

关东煮可以使用鸡蛋、牛筋等丰富的低糖食材。调味清淡，能进一步减糖。注意避免使用含糖量高的土豆和鱼糕。

1人份
**7.2 g**
453 kcal

# 火锅

能暖身的火锅尤其适合在寒冷的冬季享用。
材料只需要炖煮，轻松便捷，
请尝试一下吧。

用白萝卜末包裹牛肉，清爽可口

## 牛肉小松菜白萝卜末火锅

材料（2~3人份）
牛腿肉片
（或肉块）…200g
小松菜…200g
白萝卜…200g
A 热水…3/4杯
清酒…1/4杯
白砂糖…1/2大勺
味醂…1大勺
酱油…1½大勺

做法
1 白萝卜擦成末后沥干水分。小松菜、牛腿肉片切成约7cm长的段。
2 将材料A放入锅中，煮沸后加牛肉煮熟，捞出浮沫。
加入小松菜边搅拌边煮至食材变软，均匀撒入白萝卜末，煮沸。

**减糖重点**

低糖的牛肉和小松菜铁元素丰富

牛肉和小松菜含糖量低，含有丰富的铁，做出的火锅既能减肥又能预防贫血。白萝卜末吸收了食材的鲜味，能获得充分的满足感。

1人份
8.3 g
205 kcal

享受食材的鲜美，
带壳的蛤蜊能增加分量

# 蛤蜊豆腐泡菜锅

**材料（2人份）**
蛤蜊（带壳）…200g
嫩豆腐…1/2块
牛肉片…50g
鱿鱼…1/2条
黄豆芽…200g
A｜水…3杯
　｜鸡架高汤汤料…
　｜1/2小勺
　｜盐…1/4小勺
裙带菜（盐腌）…20g
姜末…40g
白菜泡菜…50~100g

**做法**

1 蛤蜊用盐水（材料外）浸泡，去沙并洗净。
2 黄豆芽去根。
3 鱿鱼去掉眼睛、嘴和吸盘，将身体切成1cm厚的圆片，触手切小段。裙带菜洗净后用足量清水浸泡10分钟左右，去掉盐分，切成方便食用的长度。豆腐用厚纸巾包住，静置20分钟，沥干水分。

4 在锅中放入蛤蜊和材料A，煮沸后调小火，捞出浮沫，加黄豆芽煮三四分钟。加入牛肉片、鱿鱼、撕成小块的裙带菜和豆腐，边捞浮沫边煮两三分钟。加入撕成小块的泡菜和姜末。

**减糖重点**

建议选择黄豆芽
黄豆芽不含糖，绿豆芽含糖，所以建议在减糖瘦身过程中选择黄豆芽。

1人份
**4.1**g
203 kcal

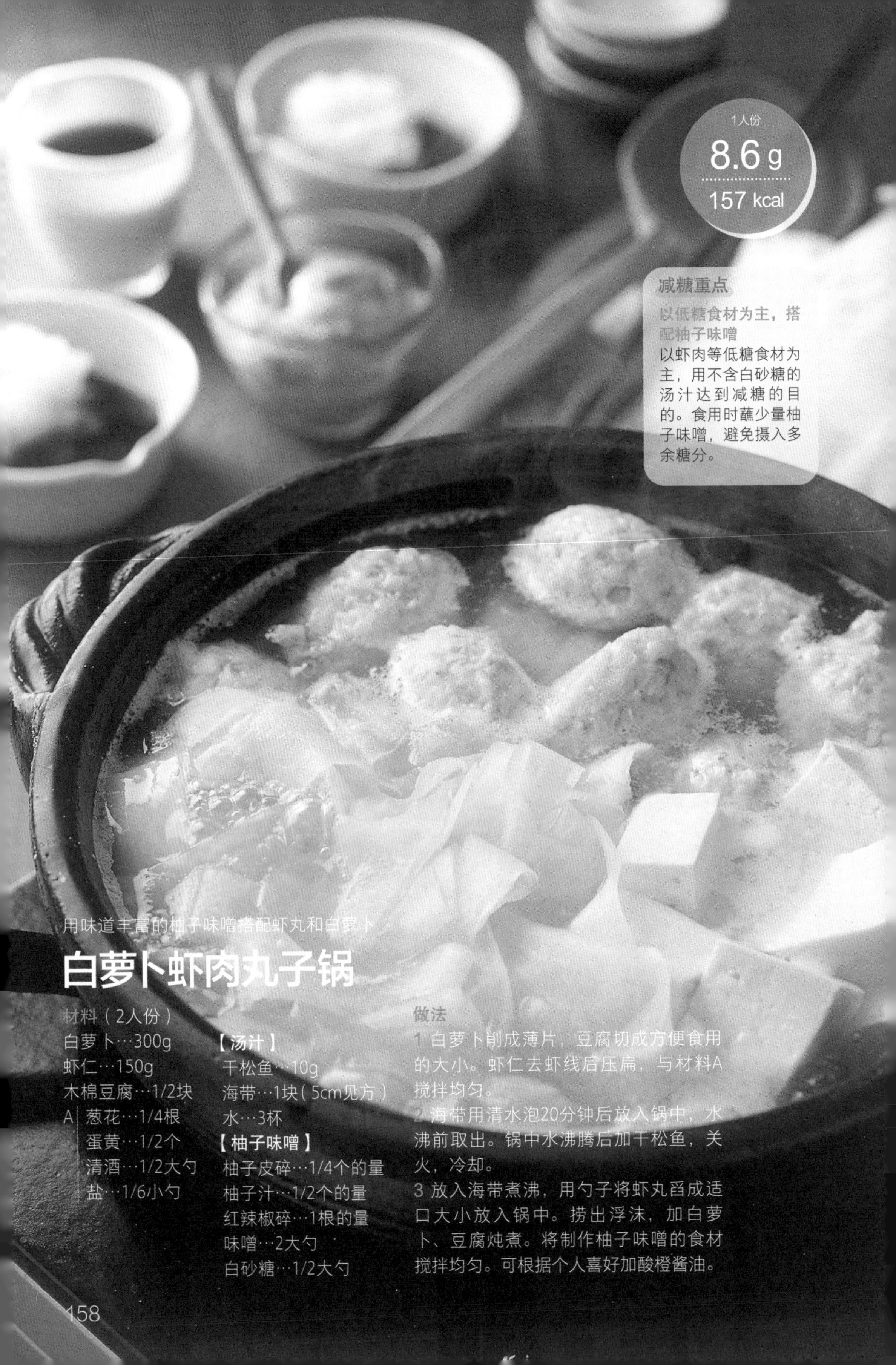

1人份

8.6 g

157 kcal

**减糖重点**

**以低糖食材为主，搭配柚子味噌**

以虾肉等低糖食材为主，用不含白砂糖的汤汁达到减糖的目的。食用时蘸少量柚子味噌，避免摄入多余糖分。

用味道丰富的柚子味噌搭配虾丸和白萝卜

# 白萝卜虾肉丸子锅

材料（2人份）

白萝卜…300g

虾仁…150g

木棉豆腐…1/2块

A 葱花…1/4根

蛋黄…1/2个

清酒…1/2大勺

盐…1/6小勺

【汤汁】

干松鱼…10g

海带…1块（5cm见方）

水…3杯

【柚子味噌】

柚子皮碎…1/4个的量

柚子汁…1/2个的量

红辣椒碎…1根的量

味噌…2大勺

白砂糖…1/2大勺

做法

1 白萝卜削成薄片，豆腐切成方便食用的大小。虾仁去虾线后压扁，与材料A搅拌均匀。

2 海带用清水泡20分钟后放入锅中，水沸前取出。锅中水沸腾后加干松鱼，关火，冷却。

3 放入海带煮沸，用勺子将虾丸舀成适口大小放入锅中。捞出浮沫，加白萝卜、豆腐炖煮。将制作柚子味噌的食材搅拌均匀。可根据个人喜好加酸橙酱油。

能温暖身心，味道浓郁可口

# 三文鱼大葱杏鲍菇酒糟锅

**材料（2~3人份）**

三文鱼（甜咸
味）…2块（200g）
大葱…2根
杏鲍菇…100g
酒糟…80g
味醂…1/2大勺
A| 水…2杯
  | 清酒…1/4杯
  | 海带…1片
  |（5cm见方）
盐…少许

**做法**

1 酒糟打散，用1/2杯水浸泡
20~30分钟，泡软。

2 三文鱼切成适口大小，加入
味醂拌匀。大葱切成约3cm长
的段，杏鲍菇去根，纵向切
成两半。

3 将材料A放入锅中，煮20分
钟，至海带泡发。

4 加入三文鱼，再次煮沸后加
大葱和杏鲍菇，煮熟后加酒
糟搅匀，煮沸后用盐调味。

**减糖重点**

适量使用酒糟
酒糟含糖量高，不应该
在减糖时使用。但是酒
糟富含膳食纤维、维生
素和矿物质，能够避免
血糖值急速上升，又有
美肤功效，可以适当
摄入。

1人份
**12.3 g**
249 kcal

榨菜的鲜味和焦黄的鲕鱼
味道可口

# 鲕鱼白菜
# 榨菜锅

材料（2～3人份）

鲕鱼…2块（200g）

白菜…300g

A｜热水…2杯
　｜固体浓汤宝
　｜（鸡汤）…1/2个
　｜清酒…1/4杯
　｜榨菜…50g
　｜姜片…3片

盐、胡椒…各少许

做法

1 鲕鱼切成适口大小，用
烤鱼架烤七八分钟，烤至
焦黄。

2 白菜切成大块。

3 将材料A放入锅中，加
白菜后煮七八分钟，至食
材变软。

4 用盐、胡椒调味，加鲕
鱼煮沸。

### 减糖重点

事先用烤鱼架烤鲕鱼
鲕鱼煮之前先用烤鱼架
烤至焦黄，能去除腥
味，让味道更加可口。

豆腐和豆奶味道醇厚，健康又美味

# 豆奶豆腐汤

**材料（2～3人份）**
嫩豆腐…1块
金针菇…80g
豆奶…2杯
茼蒿…1/2把
胡葱…1/2把

**做法**
1 茼蒿摘下叶子，金针菇去根后撕开，胡葱切成约6cm长的段，豆腐切成6等份。
2 将豆奶、豆腐、金针菇、茼蒿叶、胡葱放入砂锅中煮沸。
3 豆腐煮熟后和蔬菜一起盛出，根据个人喜好蘸酸橙酱油或椒盐食用。

**减糖重点**

用含糖量低的豆奶增加黏稠度
用豆奶炖煮豆腐能增加黏稠度，加入茼蒿等有苦味、风味独特的蔬菜后，更能提高满足感。

1人份
**10.4 g**
198 kcal

有肉、鱼、蔬菜，能吃到多种食材

# 泰式寿喜烧

1人份
**4.6 g**
226 kcal

**材料（2人份）**
鸡柳（去筋）…2根
鲷鱼…1块（75g）
杏鲍菇…2根
黄豆芽…75g
菠菜…1/2把
虾丸（市售）…4个
【汤汁】
海带…1片
（2.5cm见方）
清酒…1²⁄₃大勺
喜欢的香草（图中为香茅2根、青柠叶1片和高良姜1块）…适量
青辣椒…1根
水…2杯
【佐料】
酸橙、香菜、姜丝、坚果…各适量

**做法**
1 鸡柳和鲷鱼切片，杏鲍菇纵向切成约5mm厚的片，黄豆芽去根。菠菜切成方便食用的长度，撕开根部。
2 将汤汁的材料放入锅中，大火煮沸。
3 将步骤1、步骤2的材料、虾丸放入锅中煮沸，蘸鱼露酱、甜椒酱或喜欢的佐料食用。

可搭配 2 种酱料
【鱼露酱】
鱼露 2 大勺、蒜末 1/2 瓣、酸橙汁 4 大勺、红辣椒末 1/2 根
【甜椒酱】
甜椒酱（市售）适量

# 更安心的
# 外食和便利店采购窍门

在减糖瘦身期间，
在外就餐和利用便利店解决吃饭问题时，
也要睁大眼睛，
找到低糖食品和料理。

## 家庭餐厅

**要勇敢拒绝米饭和面包**

**搭配**主菜和配菜

在日本，家庭餐厅的菜单中有很多高糖主食，比如意大利面、盖饭等。点套餐时要提出不要米饭和面包的要求，可以加一道配菜。比如牛排、沙拉和一碗汤，就是令人满足的一餐。拒绝薯条、黄油玉米和土豆沙拉等高糖食物吧。

## 便利店

**坚决不吃便利店里的盒饭**

**推荐选择**关东煮、煮鸡蛋、沙拉鸡肉

便利店里的盒饭会放入大量米饭和油炸食品，一定要避开。饭团、三明治等碳水化合物含量高的食物也不能吃，推荐选择煮鸡蛋、沙拉鸡肉、烤鱼、烤鸡等。一定要养成查看营养成分表的习惯，确定碳水化合物的含量。白萝卜、墨鱼、牛筋做的关东煮含糖量低，可以放心选择。

## 餐厅套餐

**不吃米饭和面类**

**通过**增加小菜**提高满足感**

套餐中一般含主菜、配菜、味噌汤，一定要勇敢拒绝米饭。另外，炖菜和照烧菜中使用了大量白砂糖和味醂，所以选择烤鱼和生鱼片更放心。很多套餐中含有油炸食品，炸鸡的面衣中含有大量糖分，要注意避开。为了补充缺少的米饭，可以追加凉拌豆腐、沙拉等小菜。

## 居酒屋、酒吧

**减糖瘦身期间**

**有很多**超安心食物**可供选择**

居酒屋和酒吧中有种类丰富的低糖下酒菜，可以放心选择。在居酒屋里可以点烤鸡、生鱼片、烤鱼、腌菜等。不能喝含糖量高的啤酒和日本酒，碳酸饮料和鸡尾酒含糖量高，最好也不要点，可以选择烧酒和威士忌。另外，酒吧里会有种类丰富的下酒菜，可以选择烤牛肉、海鲜拼盘、牛排、沙拉、芝士等。

**Part 5**

魔芋、魔芋丝、
菌类、海藻、
豆芽、减糖面

明显变瘦
# 使用糖分近乎为零
# 的优秀食材做出的
# 减糖料理

魔芋、魔芋丝、菌类不仅含糖量低，
而且富含膳食纤维，
可以防止减糖期间容易出现的便秘问题。
另外，魔芋和海藻还富含容易缺乏的矿物质。

魔芋

口感劲道，甜辣酱味道可口

# 照烧魔芋肉卷

## 材料（2人份）
魔芋…1片（200g）
猪里脊肉片…8片
酱油…1小勺
A｜酱油、酒…
　　各1大勺
　　白砂糖、味醂…
　　各1小勺
色拉油…1/2大勺
水芹…1把

## 做法
1 魔芋切成8条，加盐（材料外）揉搓。煮3分钟后放在滤网上沥干水分，涂酱油。
2 用一片猪里脊肉片裹起一块魔芋，共做8个肉卷。
3 平底锅中倒入色拉油，放入肉卷煎至焦黄，注意翻面。用厚纸巾擦掉多余的油脂，加材料A炖煮。
4 装盘，配水芹。

### 减糖重点
**魔芋切成厚片**
切成厚片的魔芋用肉片卷起来后口感劲道，能提高满足感。魔芋富含水溶性膳食纤维，能有效预防便秘。

### 减糖重点
**魔芋调出醇厚的味道**
将以魔芋为主的料理调出醇厚的味道，弥补清淡的口感。在魔芋上划出刀痕能充分入味。

味噌的味道醇厚，只吃魔芋依然会满足

# 煎魔芋

## 材料（2人份）
魔芋…2片（400g）
芦笋…4根
黄甜椒…1/2个
A｜蒜末…1瓣的量
　　味噌（选用，可
　　以用红味噌）…
　　1½大勺
　　清酒…1/2大勺
　　味醂、酱油…
　　各1小勺
　　水…2大勺
盐…少许
黑胡椒碎…少许
黄油…10g
橄榄油…1小勺

## 做法
1 魔芋两面用刀划出格子，切成适口大小。煮3分钟，放在滤网上沥干水分。
2 去掉芦笋根部坚硬外皮，切成两三段。黄甜椒切成1cm宽的条，将材料A混合均匀。
3 平底锅中倒入橄榄油，魔芋双面煎至焦黄色。加入芦笋、黄甜椒煎熟。将蔬菜装盘，撒盐。
4 擦净平底锅中多余的油脂，加黄油、材料A加热。盛盘，撒黑胡椒。

黄油和酱油做成的酱料非常美味

# 魔芋西冷牛排

材料（2人份）
魔芋…1大片（300g）
牛腿肉片…120g
A │ 固体浓汤宝…1个
　│ 水…1/2杯
　│ 蒜末…1瓣的量
B │ 黄油…5g
　│ 酱油…1大勺
色拉油…1小勺
水芹…1把

做法
1 魔芋切成2等份，双面用刀划出格子后煮3分钟。放入炖锅中，加材料A煮至水分蒸发，关火冷却。
2 牛腿肉片用手压平，放入魔芋卷起。
3 平底锅中倒入色拉油，将牛肉卷接缝朝下放入锅中，煎至焦黄，加材料B煮熟。
4 装盘，配水芹。

**减糖重点**

事先用高汤炖煮魔芋入味
在用牛肉卷起之前，用高汤炖煮魔芋，使其充分入味，提高满足感。双面划出格子同样是让魔芋充分入味的窍门。

1人份
**2.7 g**
187 kcal

使用市售烤肉酱汁，调味简单

# 烤肉味魔芋豆角

材料（2人份）
魔芋…1/2片（100g）
豆角…5根
烤肉酱（市售）…2小勺
色拉油…1/2大勺

做法
1 魔芋切成两半后切薄片，斜刀划出格子。加盐（材料外）揉搓，煮1分钟后放在滤网上。豆角切成3段。
2 平底锅中倒入色拉油，放入魔芋炒3分钟左右，至表面变色。
3 关火，用厚纸巾擦干锅中多余的油脂，加烤肉酱搅拌均匀。

**减糖重点**

擦掉多余油脂，更容易入味
擦掉多余的油脂，能让魔芋更入味，还能降低热量，一举两得。

1人份
**1.9 g**
40 kcal

魔芋让常见的开胃菜更健康

# 魔芋刺身

**材料（2人份）**
魔芋（刺身用）…
1片
芹菜…5cm
红洋葱…1/6个
盐…1/3小勺
黑胡椒碎…少许
橄榄油…2小勺

**做法**
1 魔芋切薄片，芹菜切碎。红洋葱切碎，焯水后沥干水分。
2 魔芋装盘，撒芹菜和红洋葱。撒盐、黑胡椒碎，淋橄榄油。

### 减糖重点

使用盐、胡椒、橄榄油调味
魔芋刺身通常会用甜醋和味噌调味，但这两种调味料含糖量过高。用盐、胡椒、橄榄油调成西式口味，能够达到减糖目的。

1人份
**1.2 g**
48 kcal

1人份
**1.4 g**
42 kcal

用蒜和辣椒调味，可以作为下酒菜

# 意式魔芋丝炒杏鲍菇

**材料（2人份）**
魔芋丝…150g
杏鲍菇…1包
蒜…1瓣
A 红辣椒丁…1/2根的量
  清酒…1大勺
  盐…1/3小勺
  黑胡椒碎…适量
橄榄油…1大勺

**做法**
1 魔芋丝切成小段后焯水，放在滤网上。杏鲍菇切成两段后切成5mm厚的片。蒜切片。
2 平底锅中倒入橄榄油，小火将蒜炒两三分钟，炒出香味、变色后加入魔芋丝炒1分钟左右。加入杏鲍菇继续翻炒，用材料A调味。

### 减糖重点

用蒜增加风味
用盐、胡椒简单调味，虽然可以控制糖分，但是容易显得寡淡。可以利用蒜增加风味。

# 魔芋
# 可保存料理

1人份
**7.3** g
131 kcal

材料丰富、口感劲道

## 鸡肉炒魔芋菌类胡萝卜

**材料（易做的量，5人份）**
魔芋…150g
鸡胸肉（去皮）…1片
清酒、淀粉…各1小勺
蟹味菇…1包
胡萝卜…1/2根
豆角…8根
A 酱油…2大勺
白砂糖、清酒、
味酥…各1大勺
色拉油…1/2大勺

**做法**
1 鸡胸肉切成约4cm
长、7mm宽的条，加
清酒、淀粉搅拌均匀。
2 魔芋、胡萝卜切成
和鸡肉同样大小的条，
魔芋焯水后放在滤网
上。蟹味菇去根后撕
开。豆角切成3段。
3 平底锅中倒入色拉
油，将鸡胸肉翻炒变
色后依次加入胡萝卜、
蟹味菇、魔芋、豆角
翻炒。
4 加材料A，煮至水分
蒸发。
★冷藏保存三四天。

香料调味，让人上瘾

## 魔芋肉末咖喱

**材料（2人份）**
魔芋…150g
猪肉馅…150g
洋葱…1/2个
青豆（冷冻）…1包
红辣椒…2根
月桂叶…1片
A 姜末…1块的量
蒜末…1瓣的量
B 孜然粉、芫荽
粉…各1/2大勺
肉桂粉…少许
※B可以换成2大勺咖喱粉。
C 番茄酱…200g
水…1杯
盐…1/2大勺
色拉油…1/2大勺

**做法**
1 洋葱切碎，魔芋切丝，
焯水后放在滤网上。
2 锅中倒入色拉油，
将月桂叶对折，和去
籽的红辣椒一起放入
锅中翻炒出香味，加
入洋葱，翻炒变色后
加入猪肉馅。
3 肉馅变色后加入魔
芋、青豆、材料A和
材料B翻炒片刻，加材
料C。中火煮20~30
分钟，用盐调味。
★冷藏保存四五天。

1人份
**6.6** g
127 kcal

1人份
**6.5** g
104 kcal

窍门是炒至魔芋收缩

## 爆炒魔芋

**材料（易做的量，
4人份）**
魔芋…400g
白砂糖…2大勺
A 酱油…2大勺
味酥…1大勺
红辣椒丁…少许
香油…1大勺

**做法**
1 魔芋用手轻轻揉搓
后撕成适口大小，焯
水后放在滤网上。
2 锅中加入香油，大火
翻炒魔芋，整体冒泡
收缩后加白砂糖翻炒。
3 加材料A，用中小火
煮至水分几乎全部蒸
发，中途注意翻炒。
★冷藏保存5天。

可以配米饭，
也可以浇在煮软的白萝卜上

## 味噌魔芋丝炒肉

**材料（易做的量，
5人份）**
魔芋丝…150g
混合肉馅…150g
洋葱…1个
姜…2块
A 味噌…50g
白砂糖、酱油…
各1大勺
清酒…2大勺
水…1/2杯
色拉油…1/2大勺

**做法**
1 魔芋丝焯水后放在滤
网上，充分沥干水分后
切碎。洋葱、姜切碎。
2 锅中倒入色拉油，
将洋葱和姜炒软后加
入肉馅翻炒散，加魔
芋丝和材料A翻炒。
3 全部食材变软后加水，
边搅拌边小火煮至黏稠。
★冷藏保存四五天。

1人份
**7.4** g
67 kcal

167

**菌类**

1人份
8.1g
227 kcal

不需要烧卖皮，做法格外简单

# 金针菇烧卖

**材料（2人份）**

金针菇…2袋
猪肉馅…150g
A│姜末…1块的量
　│葱花…10cm的量
　│酱油、清酒、
　│香油…各1小勺
淀粉…少许

**做法**

1 金针菇去根，切成两段。上半部分再切成两半，下半部分切成小段。

2 将猪肉馅、材料A、切成小段的金针菇放进碗中搅拌均匀，分成8等份。撒薄薄一层淀粉，加入剩余的金针菇捏成丸子。

3 放在耐热盘中，盖上耐热保鲜膜，用微波炉加热8分钟。

**减糖重点**

用大量金针菇代替烧卖皮
金针菇富含膳食纤维，用它代替烧卖皮可以大幅减糖。虽然肉的用量很少，但是口感依然劲道，金针菇还能够充分吸收肉的鲜味。

1人份
5.9g
498 kcal

不用面粉的减糖奶汁烤菜

# 蘑菇培根鸡蛋奶汁烤菜

**材料（2人份）**

口蘑…12个
洋葱…1/2个
培根…2片
煮鸡蛋…1个
清酒、色拉油…
各1大勺
黄油…10g
盐、黑胡椒碎…
各适量
A│鸡蛋…1个
　│牛奶…2大勺
　│鲜奶油…1/2杯
　│芝士粉…20g
　│盐、黑胡
　│椒碎…各少许
欧芹末…适量

**做法**

1 口蘑去根，切成5mm厚的片。洋葱切薄片，培根切成1cm宽的条，煮鸡蛋切成约7mm厚的片。将材料A放入碗中混合。

2 平底锅中倒入色拉油，将洋葱炒软后加黄油、口蘑、培根翻炒。加清酒搅拌，撒盐、黑胡椒碎。

3 将材料A倒入耐热容器中，倒入步骤2的材料，摆好煮鸡蛋，用吐司烤箱烤15～20分钟（盖上铝箔纸避免烤焦）。插入竹扦，感觉不到阻碍就说明已经烤好。最后撒欧芹末。

黄油西芹的味道让人停不了口

# 法式烤杏鲍菇鱿鱼

材料
（易做的量，4人份）
杏鲍菇…2根
水煮鱿鱼（腿）…
200g
蒜…1瓣
西芹…适量
黄油…40g
盐、胡椒…各少许

做法
1 黄油放至室温。鱿鱼和杏鲍菇切成适口大小，蒜和西芹切碎。
2 在黄油中加入蒜和西芹，搅拌均匀。
3 将鱿鱼、杏鲍菇放进耐热容器中，撒盐、胡椒，倒入步骤2的材料，用吐司烤箱烤至变色。

**减糖重点**

虽然使用了大量黄油，依然是一道减糖料理
黄油含糖量低，可以尽情使用，能增加黏稠度，做出美味的料理。鱿鱼和杏鲍菇口感劲道，能够增加咀嚼次数，提高满足感。

1人份
**1.2 g**
133 kcal

混合多种菌类，香味扑鼻

# 煎肉配菌类鳗鱼酱

材料（2人份）
猪里脊肉（生姜烧肉用）…6片（200g）
盐、胡椒…各适量
橄榄油…1/2大勺
嫩菜叶…适量
【菌类鳗鱼酱】
（易做的量，约300g）
符合个人口味的菌类
（蟹味菇、香菇、舞菇等）…300g
鳗鱼…8片（30g）
A 蒜末…2大勺
　橄榄油…2大勺
　盐…1/2小勺
　胡椒…少许

做法
1 制作菌类鳗鱼酱。蟹味菇、香菇去根，舞菇切成4等份，蟹味菇、舞菇撕开，用料理机打碎。
2 鳗鱼切碎，与材料A一起放入平底锅中翻炒出香味，加菌类炒软，渗出水分后用少许盐、胡椒调味。
3 猪里脊肉去筋，双面各撒少许盐和胡椒。擦净平底锅，倒入橄榄油加热，将猪里脊肉煎至两面焦黄。
4 装盘，配嫩菜叶，淋1/4酱料（剩余酱料可搭配煎肉、煎鱼、沙拉）。

1人份
**1.2 g**
342 kcal

## 菌类小菜

消除疲劳

# 韩式芦笋蟹味菇凉拌菜

材料（2人份）

蟹味菇…1包
芦笋…2根
A | 盐…少许
白砂糖、香油…
各1/4小勺
一味唐辛子…少许

做法

1 芦笋削去根部硬皮，切成3cm长的段。蟹味菇去根后撕开。
2 将芦笋和蟹味菇放入沸水中焯30~40秒，放在滤网上沥干水分。趁热放在碗里，加材料A拌匀。

**0.8 g** 1人份
44 kcal

榨菜的口感很好

# 榨菜炒蘑菇

材料（2人份）

蟹味菇…1/2包
香菇…2个
榨菜…50g
酱油…1/2小勺
香油…1/2大勺

做法

1 榨菜洗净后切成薄片，用水浸泡10分钟左右，只留下一点咸味，放在滤网上。蟹味菇去根后撕开。香菇去蒂，切成5mm厚的片。
2 平底锅中倒入香油，放入蟹味菇和香菇翻炒软后加榨菜和酱油翻炒均匀。

**1.9 g** 1人份
23 kcal

白萝卜末促进消化

# 白萝卜末拌烤香菇

材料（2人份）

香菇…5个（100g）
白萝卜…150g
小葱…15g
姜末…1小勺
A | 高汤…1大勺
盐…1/6小勺

做法

1 香菇去蒂，用吐司烤箱烤五六分钟，切成约2mm厚的片。小葱切小段。
2 白萝卜磨碎，放在滤网上沥干水分。
3 加入姜末和材料A混合，加步骤1的材料搅拌均匀。

**3.1 g** 1人份
25 kcal

**1.0 g** 1人份
78 kcal

每一口都能感受到沙丁鱼的鲜美

# 蒜蓉沙丁鱼炒蘑菇

材料（2人份）

蟹味菇…1/2包
沙丁鱼干…20g
蒜…1/2瓣
清酒、生抽…
各1小勺
黑胡椒碎…少许
橄榄油…1大勺

做法

1 沙丁鱼干用热水浸泡片刻，蟹味菇去根后分成小朵，蒜切碎。
2 平底锅中倒入橄榄油，小火将蒜炒出香味后调中火，炒沙丁鱼干和蟹味菇。用清酒、生抽、黑胡椒碎调味，炒至食材变软。

用芥末提味

# 杏鲍菇拌煮鸡肉

材料（2人份）

杏鲍菇…3根
（100g）
鸡柳…50g
清酒…1小勺
A | 高汤…1/2大勺
酱油…1/2小勺
芥末…少许
芥末…适量
热水…1/4杯

做法

1 杏鲍菇用铝箔纸包好，用吐司烤箱烤七八分钟，冷却后撕成条。
2 鸡柳放入锅中，倒清酒和热水，盖上盖子煮五六分钟，煮熟后冷却，撕成条。
3 将材料A混合后加入步骤1和步骤2的食材搅拌，装盘，搭配芥末。

**2.4 g** 1人份
46 kcal

# 豆芽

用豆芽做出有嚼劲的料理

## 微波炉豆芽肉卷配梅子酱

材料（2人份）
黄豆芽…1袋
猪里脊肉片…8片
A｜梅肉…1大勺
　｜蚝油、清酒…
　｜各1小勺
　｜蒜末…1瓣的量
　｜酱油、淀粉…
　｜各1/2小勺
鸭儿芹…少许

做法

1 黄豆芽去根。
2 将猪里脊肉片展开，将分成8等份的豆芽分别放在上面，卷起。
3 在耐热盘上摆好肉卷，涂抹混合均匀的材料A，盖上耐热保鲜膜，用微波炉加热7分钟。
4 装盘，配鸭儿芹。

### 减糖重点

用微波炉制作更健康
黄豆芽几乎不含糖，用微波炉制作，不使用色拉油，能大幅降低热量。黄豆芽比普通豆芽更劲道，推荐使用。

将越南特色料理做成煎蛋卷

## 越南煎饼式煎蛋卷

材料（2人份）
豆芽…1袋
虾仁…50g
猪肉馅…100g
蒜末…1瓣的量
盐、胡椒…各少许
A｜鸡蛋…3个
　｜蛋黄酱…1大勺
B｜鱼露、柠檬汁…
　｜各2小勺
　｜白砂糖…1小勺
　｜红辣椒丁…
　｜1根的量
色拉油…适量
生菜、罗勒…各2片
香菜…少许

做法

1 虾仁去虾线，豆芽去根。将材料A混合均匀。
2 平底锅中倒入1/2小勺色拉油，将蒜末炒出香味后加入猪肉馅炒散。加虾仁、豆芽继续翻炒，撒盐、胡椒。
3 另取一平底锅，倒入1/2大勺色拉油，均匀倒入材料A。做煎蛋饼，放入步骤2的材料。
4 对折后装盘，配生菜、罗勒、香菜。食用时用生菜将煎蛋卷、罗勒和香菜包起，蘸混合均匀的材料B。

### 减糖重点

煎蛋卷能够减糖
越南煎饼的皮原本是用米粉和低筋面粉做成的，含糖量高，用煎蛋卷代替，达到减糖目的。

1人份
2.8 g
264 kcal

1人份
4.9 g
358 kcal

散发着鱼露香气的腌泡汁，美味可口

# 异国风味炸鸡翅拌豆芽

**材料（2人份）**

豆芽…1/2袋
鸡翅…6根
A 蒜末…1/2瓣的量
　红辣椒丁…
　1/2根的量
　白砂糖…1²⁄₃大勺
　鱼露…1¹⁄₃大勺
　柠檬汁…1大勺
　水…1/4杯
色拉油…适量

**做法**

1 将鸡翅洗净，用厚纸巾擦干，用叉子在鸡皮上戳几个孔。豆芽去根，放入塑料袋中封口，在微波炉中加热2分钟。
2 将材料A放入碗中混合。
3 色拉油加热到140℃，放入鸡翅炸七八分钟，最后10秒开大火炸脆。趁热放入材料A中，加豆芽搅拌均匀，腌制片刻。

豆芽充分吸收了肉和榨菜的鲜味

# 肉丸蒸豆芽榨菜

**材料（2人份）**

豆芽…1/2袋
猪肉馅…200g
榨菜…30g
A 清酒…2大勺
　淀粉…1/2大勺
　胡椒…少许
　盐…1/4小勺
　酱油、姜末…
　各1/2小勺
B 清酒、水…各2大勺
小葱段…1根的量

**做法**

1 将猪肉馅和材料A放入碗中充分搅拌。豆芽去根，榨菜切丁。
2 将豆芽放入平底锅中，撒榨菜，放入肉馅团成的丸子。
3 淋材料B，盖上盖子中小火焖五六分钟。装盘，撒小葱段。

# 豆芽小菜

用豆瓣酱和蛋黄酱调出甜辣味

## 辣味蛋黄酱拌豆芽

材料（2人份）
豆芽…1袋
A｜ 蛋黄酱…1大勺
　｜ 豆瓣酱…1/2小勺

做法
1 豆芽去根。
2 锅中放入豆芽，加水至豆芽一半的高度，加少许盐（材料外），盖上盖子大火加热。将豆芽放在滤网上沥干水分，散热。
3 将材料A放入碗中搅拌均匀，放入豆芽混合。

1人份
1.0 g
50 kcal

1人份
0.5 g
5 kcal

秋葵的黏液能预防便秘

## 豆芽拌秋葵

材料（2人份）
黄豆芽…100g
秋葵…4根
A｜ 蒜末…少许
　｜ 炒白芝麻…1大勺
　｜ 盐…1/5小勺
　｜ 香油…1小勺

1人份
0.8 g
71 kcal

做法
1 秋葵加盐（材料外）揉搓，去掉绒毛，洗净后焯水，过冷水。在同一锅中放入去根的黄豆芽焯3分钟左右，放在滤网上散热。
2 秋葵切成3mm厚的片。
3 将豆芽和秋葵放入碗中，加材料A搅拌均匀。

材料和做法都很简单

## 红藻拌豆芽

材料（2人份）
豆芽…1/4袋
红藻粉…1/2小勺

做法
1 豆芽去根，焯水后放在滤网上沥干水分。
2 放入碗中，趁热撒红藻粉拌匀。

可作为下酒菜，也可作为拉面的拌料

## 中式豆芽拌叉烧

材料（2人份）
豆芽…1/2袋
叉烧…40g
榨菜…15g
A｜ 酱油…1小勺
　｜ 辣椒油…1/2小勺
　｜ 胡椒…少许

做法
1 豆芽去根，焯水后放在滤网上。叉烧切丝，榨菜切丁。
2 放入碗中，加材料A拌匀。

1人份
2.0 g
55 kcal

1人份
2.7 g
60 kcal

推荐搭配肉菜

## 咖喱炒豆芽

材料（2人份）
豆芽…1袋
A｜ 蒜末、咖喱粉…各1/2小勺
　｜ 海带茶…少许
酱油…2小勺
色拉油…2小勺
黑胡椒碎…少许

做法
1 将去根的豆芽放入沸水中焯15秒左右，放在滤网上沥干水分。
2 锅中放入色拉油和材料A加热，迅速拌匀。加豆芽翻炒几下后淋酱油。
3 装盘，撒黑胡椒碎。

1人份
1.0 g
162 kcal

将黏稠的海藻和鸡肉搅拌均匀

# 葱油海藻拌蒸鸡肉

材料（2人份）

海藻（原味）…2包

鸡胸肉（去皮）…

1片

小葱…4根

A 酱汁、清酒…

　各1小勺

　盐…1/3小勺

　胡椒…少许

B 香油、酱油…

　各1小勺

黑胡椒碎…少许

做法

1 小葱斜切成薄片，用清水浸泡。

2 鸡胸肉放在耐热盘中，放材料A，盖上耐热保鲜膜，用微波炉加热3分钟，散热后撕成条。

3 用海藻、沥干水分的小葱和材料B将鸡胸肉拌匀，装盘，撒黑胡椒碎。

### 减糖重点

海藻有益健康，还有美容功效

海藻低糖，富含膳食纤维。黏液中含有褐藻糖胶成分，能够预防生活方式病，有美肤功效。

---

富含矿物质和膳食纤维，味道清爽

# 羊栖菜豆腐汉堡

材料（2人份）

木棉豆腐…200g

鸡肉馅…100g

A 羊栖菜…10g

　小葱段…3根的量

　盐、清酒…

　各1/2小勺

　姜末…1块的量

　淀粉…2小勺

嫩菜叶…1包

色拉油…1/2大勺

做法

1 豆腐用厚纸巾包好，压上重物静置10分钟。羊栖菜用足量水浸泡15分钟，洗净后放在滤网上。

2 将豆腐、鸡肉馅放入碗中充分搅拌，加材料A继续搅拌，分成2等份，做成圆饼。

3 平底锅中倒入色拉油，放入豆腐饼，盖上盖子，双面各煎6分钟。

4 装盘，配嫩菜叶。根据个人喜好配酱油、芥末。

1人份
6.6 g
219 kcal

### 减糖重点

羊栖菜可以补充容易缺乏的营养素

羊栖菜低糖，富含膳食纤维和钙质，是减重期间补充营养的好选择。

味道鲜美的肉馅让人停不了口

# 辣味裙带菜炒肉末

材料（2人份）
裙带菜（盐腌）…50g
猪肉馅…150g
姜末…1块的量
A｜清酒、酱油…
　｜各1/2小勺
B｜韩式辣酱…1/2大勺
　｜味噌、清酒…
　｜各1小勺
　｜蒜末…1瓣的量
　｜白砂糖…1/2小勺
　｜水…1/2大勺
香油…1/2大勺
红辣椒丁…少许

做法
1 裙带菜洗净，用足量水浸泡5分钟，拧干后切成方便食用的长度。
2 将猪肉馅、材料A放入碗中，用筷子搅拌。
3 平底锅中倒入香油加热，将姜末炒出香味后加猪肉馅，肉馅散开后加裙带菜翻炒，最后加入混合均匀的材料B。
4 装盘，撒红辣椒丁。

**减糖重点**

裙带菜，减肥好伙伴
裙带菜低糖，富含膳食纤维，能促进代谢，富含具有燃脂效果的碘，是适合减重的优质食材。

1人份
**2.3 g**
155 kcal

---

柚子胡椒的味道突出，适合放在便当里

# 照烧裙带菜肉卷

材料（2人份）
裙带菜（盐腌）…30g
猪五花肉片…12片
A｜柚子胡椒…1/2小勺
　｜盐…1/4小勺
　｜味醂、水…各2小勺
色拉油…1/2大勺

做法
1 裙带菜洗净，用足量水浸泡5分钟左右。拧干水分后切大块，分成6等份。
2 猪五花肉片两片一组，用手拍平，将裙带菜摆在肉片上，边缘留出2cm左右，卷好，做6个肉卷。
3 平底锅中倒入色拉油，放入肉卷，煎至焦黄色。擦去多余油脂，加混合均匀的材料A稍煮片刻。

**减糖重点**

用裙带菜清洁肠胃
裙带菜富含膳食纤维，有预防便秘的作用。另外，裙带菜还能减缓碳水化合物和脂肪的吸收速度，控制血糖上升。

1人份
**2.9 g**
360 kcal

褐藻味道鲜美

# 圆白菜煮褐藻

材料（2人份）
褐藻…7g
圆白菜…1/8个（150g）
A| 高汤…3/4杯
  | 酱油、味醂…
  | 各1/2大勺
  | 盐…少许

做法
1 圆白菜切成适口大小。
2 将材料A放入锅中，煮沸后加圆白菜，盖上盖子，小火煮三四分钟。加入褐藻搅拌均匀。

5.7 g
38 kcal

夏威夷快餐，海藻拌生鱼片

# 金枪鱼盖饭

材料
（易做的量，4～6人份）
混合海藻（干燥）…5g
金枪鱼…200g
洋葱末…1/8个的量
盐…少许
A| 辣椒油…1小勺
  | 盐…1/2小勺
  | 胡椒…少许

做法
1 混合海藻用水泡开，拧干后切成小片。洋葱末加盐腌制入味，过冷水后用厚纸巾包住，拧干水分。
2 金枪鱼切小块，加香油（材料外）搅拌。
3 在步骤1的材料中加入材料A混合，加入金枪鱼拌匀。

0.4 g
104 kcal

常规醋腌菜，味道爽口

# 醋腌黄瓜裙带菜鱿鱼

材料（2人份）
裙带菜（干燥）…2g
黄瓜…1根
水煮鱿鱼…100g
A| 醋、高汤…各1大勺
  | 味醂…1/2大勺
  | 酱油…1/6小勺
  | 盐…少许

做法
1 黄瓜去皮，切小块。在盐水（1杯水加1小勺盐，材料外）中浸泡5分钟，变软后拧干。
2 裙带菜用水泡开，拧干水分。鱿鱼切块。
3 将材料A放入碗中混合，加步骤1和步骤2的材料拌匀。

3.3 g
71 kcal

口感爽脆，可以作为小吃

# 炸海带结

材料（2人份）
海带…5～7cm
七味唐辛子…少许
色拉油…适量

做法
1 海带洗净、泡软，擦干水分后切成1cm宽的条，打结。如果海带太硬，可以用凉水浸泡两三分钟。
2 用150℃的油将海带炸脆，沥干油分，撒七味唐辛子。

柔和的甜味令人舒心

NORMA

3.6 g
100 kcal

# 豆腐拌羊栖菜

材料（2人份）
羊栖菜（干燥）…5g
木棉豆腐…100g
A| 白芝麻酱…1大勺
  | 白砂糖…1/2大勺
  | 盐…1/6小勺

做法
1 羊栖菜用足量清水浸泡20分钟，冲洗干净，焯水后放在滤网上冷却。
2 豆腐沥干水分，撕碎后放入碗中，用橡胶刮刀压碎。加材料A搅拌均匀，然后加羊栖菜拌匀。

0.7 g
11 kcal

# 制作面食时要充分利用
## 魔芋面和魔芋丝

减糖瘦身期间，拉面绝对不能吃，
不过换成魔芋面和魔芋丝后就能放心食用了。
注意一定不要喝汤。

### 只需要用魔芋面替换面条，就一定能瘦下来

面食几乎完全由碳水化合物组成，所以不适合减糖瘦身。不过只要用魔芋面替换含有大量碳水化合物的面条，就能大幅减少糖分和热量。而且魔芋面富含膳食纤维，能够缓解减肥时经常出现的便秘问题。魔芋面种类丰富，可以做成乌冬面、荞麦面、拉面和意大利面的样子。和本书Part4的炖菜和汤搭配，加上汉堡肉和肉排，就能提升满足感。

## 意大利面 vs 魔芋意大利面

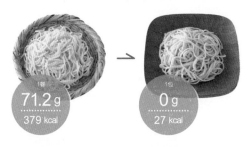

1餐 71.2 g / 379 kcal → 1包 0 g / 27 kcal

就算是高热量的培根蛋酱面或肉酱面，只要换成魔芋做的意大利面就能放心食用。

## 乌冬面 vs 魔芋乌冬面

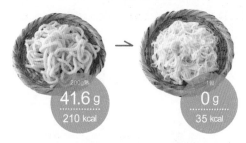

200g熟 41.6 g / 210 kcal → 1包 0 g / 35 kcal

用魔芋做的乌冬面代替普通乌冬面，能大幅减少糖分。另外，魔芋面无麸质，更健康。

## 拉面 vs 魔芋拉面

1碗 72.4 g / 379 kcal → 1包 0 g / 27 kcal

减糖瘦身时绝对不能吃拉面，不过只要换成魔芋做的拉面就能放心食用。绝对不要喝汤。

## 荞麦面 vs 魔芋荞麦面

200g生 82.9 g / 438kcal → 1包 1.1 g / 16 kcal

荞麦面热量低，但含糖量高。外形与普通荞麦面相似的魔芋荞麦面含糖量低，可以放心食用。

# 减糖面条

富含奶油的减糖料理

## 培根蛋酱面

材料（2人份）
魔芋面…2包
培根…2片
洋葱…1/4个
蒜…1瓣
A 鸡蛋…3个
　牛奶…1/3杯
　芝士粉…3大勺
　盐…1/5小勺
橄榄油…1/2大勺
黑胡椒碎…少许

做法
1 魔芋面洗净，沥干水分。洋葱、蒜切碎，培根切丝。将材料A混合均匀。
2 平底锅中倒入橄榄油，小火将蒜炒出香味后加培根、洋葱，炒至洋葱变透明。
3 加入魔芋面翻炒，关火后加材料A，再次开小火煮至汤汁黏稠。
4 装盘，撒黑胡椒碎。

**1人份**
**4.2 g**
292 kcal

**推荐使用**
零糖圆面或低糖面粗细正好，适合代替意大利面，搭配协调。

零糖圆面　　低糖面

用鳀鱼和刺山柑花蕾做出正宗的味道

## 橄榄番茄酱意面

材料（2人份）
魔芋面…2包
番茄罐头…1罐
（400g）
蒜…2瓣
红辣椒…1根
鳀鱼…4片
刺山柑花蕾…2大勺
黑橄榄…10颗
盐…1/4小勺
胡椒…少许
橄榄油…1大勺

做法
1 魔芋面洗净后沥干水分，番茄压碎，蒜用菜刀压扁，红辣椒切成两半。
2 平底锅中倒入橄榄油，小火将蒜翻炒变色、散发香味后加撕碎的红辣椒和鳀鱼，炒匀后加番茄、刺山柑花蕾和黑橄榄煮四五分钟。
3 加魔芋面煮沸，用盐、胡椒调味。

**1人份**
**7.8 g**
152 kcal

**推荐使用**
用低糖面或零糖细面做出意大利面的感觉。

零糖细面　　低糖面

浓稠辛辣的汤汁非常开胃

# 担担面

材料（2人份）
魔芋面…2包
猪肉馅…100g
青菜…1棵
A｜葱花…1/3根的量
　｜蒜末…1瓣的量
　｜姜末…1块的量
　｜榨菜末…15g
B｜味噌…1小勺
　｜酱油…1/2大勺
　｜清酒…1/2大勺
C｜水…2杯
　｜中式汤料…1/2大勺
D｜白芝麻酱…2大勺
　｜醋…1大勺
色拉油…1小勺
辣椒油…适量

做法
1 魔芋面洗净，沥干水分。青菜分成8份。
2 锅中倒入色拉油，将猪肉馅炒散后加材料B翻炒，再加材料C煮沸。
3 捞出浮沫，加入青菜煮两三分钟，取出青菜。锅中放入材料A和材料D混合，放魔芋面煮熟。
4 盛出，放青菜，滴辣椒油。

**推荐使用**

使用与担担面外形相似的低糖面，看起来会很有满足感。也可以使用魔芋荞麦面、乌冬面和魔芋丝。

 低糖面　 魔芋荞麦面

1人份
**5.7 g**
302 kcal

只需放上食材即可，超简单

# 釜玉乌冬

材料（2人份）
魔芋面…2包
蛋黄…2个
香葱（胡葱）…1根
干松鱼…3g
A｜酱油…2大勺
　｜味醂…1/2大勺
　｜高汤…4大勺

做法
1 魔芋面洗净，沥干水分。香葱切小段。
2 魔芋面放入沸水中煮好后放在滤网上。另取一锅，将材料A煮沸。
3 盛出，放上干松鱼、蛋黄、香葱，淋材料A。

**推荐使用**

除了零糖细面，还可以使用海藻面。交替使用各种面，让人吃不腻。

 零糖细面　 海藻面

1人份
**4.4 g**
127 kcal

泡菜是重点，味道爽口的韩式面

# 冷面

材料（2人份）
魔芋丝（黑）…2袋
（260g）
牛腿肉片…150g
煮鸡蛋…1个
苹果…1/6个
白菜泡菜…80g
柠檬汁…1大勺
A 高汤
（小鱼干）…3杯
蒜末…1/2瓣的量
盐…1/2小勺
炒白芝麻…少许

做法
1 魔芋丝加盐（材料外）揉搓，煮好后放在滤网上冷却。牛肉切成约7cm长的段。苹果切丝，煮鸡蛋切成两半。
2 锅中放入材料A煮沸，加牛肉炖煮。煮沸后捞出浮沫，关火冷却，加柠檬汁。
3 将魔芋丝装盘，淋步骤2的汤汁，放上牛肉、苹果、泡菜，搭配煮鸡蛋，撒炒白芝麻。

**1人份**
**6.1 g**
245 kcal

推荐使用
魔芋丝（黑）和魔芋荞麦面很适合做韩式冷面。使用时要和汤汁拌匀。

魔芋丝（黑）　魔芋荞麦面

可口的异国风味，地道泰国料理

# 泰式炒河粉

材料（2人份）
魔芋面…2包
猪里脊肉片…100g
干虾仁…3大勺
豆芽…1袋
韭菜…1/2把
蒜末…2瓣的量
鸡蛋…1个
A 鱼露…2小勺
蚝油…1小勺
清酒、醋…各1/2大勺
白砂糖、豆瓣酱…
各1/2小勺
色拉油…1/2大勺

做法
1 魔芋面洗净，沥干水分。猪里脊肉片切成适口大小。用2大勺热水泡开干虾仁。豆芽去根，韭菜切成5cm长的段，鸡蛋打散。
2 平底锅中倒入色拉油，放蒜末炒出香味后加猪里脊肉、虾仁翻炒。加入魔芋面，炒好后把面和其余食材拨到一边，加入蛋液炒匀。
3 加豆芽、韭菜迅速炒匀。

**1人份**
**5.6 g**
310 kcal

推荐使用
零糖细面很适合代替米和面。如果使用素面，就能做出米粉的味道。

零糖细面　　素面

用奶油芝士做出醇厚的味道

# 温泉蛋芝士意面

材料（2人份）

魔芋面…2包
温泉蛋（市售）…2个
A｜奶油芝士…40g
　｜牛奶…1/4杯
　｜盐…1/4小勺
　｜芝士粉…2大勺
黑胡椒碎…少许
芝士粉…少许

做法

魔芋面洗净，沥干水分。

在平底锅中加入材料A混合，开火煮沸，加入魔芋面拌匀。

装盘，放上温泉蛋，撒黑胡椒碎、芝士粉。

**推荐使用**

推荐使用零糖细面或零糖圆面。拌入大量味道醇厚的奶油芝士，也可以使用低糖面。

零糖细面　　零糖圆面

---

葱丝拌在面里，味道可口

# 中式葱丝拌面

材料（2人份）

魔芋面…2包
大葱…1/2根
香菜…3根
A｜中式汤料…1/2小勺
　｜热水…1/4杯
　｜蚝油…1小勺
　｜酱油…2小勺
　｜香油…1大勺

做法

1 魔芋面洗净，沥干水分。大葱切成4cm长的段，然后纵向切开，葱心切碎，剩余部分切丝。香菜摘下叶子，茎切成1cm长的段。
2 魔芋面用热水烫好后放在滤网上。
3 将材料A、葱丝混合装盘。放入魔芋面、葱碎、香菜茎拌匀，放上香菜叶。

**推荐使用**

低糖面和魔芋荞麦面等细面适合搭配香油风味的酱料。

低糖面　　魔芋荞麦面

# 蘸面汁、拌面酱

手工自制的蘸面汁更健康。
将为大家介绍6种蘸面汁，
让魔芋面更加美味。
制作方法都很简单，就算时间紧
也没问题。

符合自己口味的酱汁既可以做蘸面汁，也可以直接拌进面里。

---

趁热更好吃

## 茄子油豆腐酱汁

**1人份** 4.9g 65 kcal

材料（2人份）
茄子…1个
油豆腐…1/2片
高汤…1½杯
A 酱油…2大勺
味醂…1/2大勺

做法
1 茄子纵向切成两半，斜刀切薄片。油豆腐去油后沥干水分，沿短边切成两半后切成1cm长的细丝。
2 将高汤、材料A、茄子、油豆腐放入锅中煮三四分钟。

豆奶和芝麻做出的黏稠酱汁

## 葱花芝麻豆奶

**1人份** 8.0g 182 kcal

材料（2人份）
小葱段…2根的量
炒白芝麻…4大勺
豆奶（原味）…1杯
A 高汤…1/2杯
酱油…2大勺
味醂…1/2大勺

做法
将材料A煮沸后加豆奶，放炒白芝麻、小葱段。

---

泡菜和豆奶味道和谐

## 泡菜豆奶

**1人份** 5.6g 71 kcal

材料（2人份）
白菜泡菜…100g
豆奶（原味）…1杯
盐…少许

做法
将所有材料放进碗中搅拌均匀。

梅干的酸味爽口

## 梅干芝麻鱼干

**1人份** 1.3g 72 kcal

材料（2人份）
干松鱼…2包
梅干…2个
炒白芝麻…2大勺
小葱段…2根的量

做法
将各种食材等分后分别放入两个碗中，各倒1杯热水。

---

营养丰富，口感劲道

## 金枪鱼纳豆鸡蛋

**1人份** 3.2g 168 kcal

材料（2人份）
金枪鱼罐头…1罐
纳豆…1袋
红洋葱碎…1/8个的量
鸡蛋…2个
A 酱油…1大勺
高汤或水…3大勺

做法
将所有材料放入碗中拌匀。

异国风味很受欢迎

## 椰奶咖喱鸡

材料（易做的量，4人份）
鸡腿肉…1片
椰奶…1罐（2杯）
A 洋葱碎…
1/8个的量
蒜末…1瓣的量
姜末…1块的量
咖喱粉…1大勺
盐…1小勺

做法
1 将鸡腿肉切成适口大小。
2 和材料A一起放入锅中拌匀，静置10分钟左右。加入椰奶，煮沸后再煮10分钟左右。

**1人份** 0.9g 301 kcal

# Part 6

## 量大又减糖
## 便当配菜

午餐是减糖期间的一大难题。
如果在外面吃饭，套餐大多会搭配碳水化合物当主食，便利店里
能吃的食物也有限。
如果选择便当，每份小菜都是减糖料理。午休成了令人期待的
时间。

可保存的料理，早上只需装进饭盒
# 蘑菇汉堡肉便当

分量十足，看上去很费功夫，
其实都是提前做好的，很方便。
菜肉搭配均衡，营养丰富。

合计
**8.4 g**
707 kcal

蘑菇汉堡肉和食材
丰富的意大利烘蛋
足以填饱肚子

### 制作重点

可保存料理需要加热
汉堡肉等肉菜要用微波炉加热，充
分散热后再装进饭盒中。带汤汁的
菜沥干后再装盒，不容易变形。

使用大量蘑菇，分量十足

# 蘑菇汉堡肉

**材料**
（易做的量，8个）
混合肉馅…500g
金针菇…1大包
A｜蛋液…1个
　｜盐…1/2小勺
　｜胡椒…少许
B｜番茄酱…5大勺
　｜黄油…20g
　｜盐、胡椒…各少许
色拉油…2小勺

**做法**
1 金针菇去根，切成1cm长的段后撕开。
2 将混合肉馅和材料A放入碗中，搅拌至有黏性。加入金针菇继续搅拌，分成8等份，团成1cm厚的圆饼。
3 平底锅中倒入1小勺色拉油，放入4个圆饼，煎2分钟，变色后翻面，盖上盖子小火焖6分钟。其余圆饼用同样方法做好。
4 将材料B放入平底锅中加热，煮沸后淋在汉堡肉上。

1个
**1.8** g
205 kcal

> **减糖重点**
> 用金针菇增加分量
> 金针菇富含膳食纤维，能预防便秘。用番茄酱代替番茄沙司，不使用面包粉，能够达到减糖目的。

---

用红洋葱增加色彩

# 香草凉拌白菜火腿

**材料（易做的量）**
白菜…400g
红洋葱…1/4个
烤火腿…2片
意大利香芹丁…2大勺
A｜橄榄油…2½大勺
　｜柠檬汁…1大勺
　｜盐…1/3小勺
　｜胡椒…少许
盐…2/3小勺

**做法**
1 白菜切成4段，然后切丝。红洋葱纵向切薄片，混合后放入碗中，撒盐拌匀。静置10分钟左右，拧干水分。
2 火腿切成两半后纵向切成约7mm宽的丝。
3 将材料A放在碗中搅拌均匀，加入步骤1、步骤2的材料和意大利香芹丁拌匀。

1/4份
**3.1** g
108 kcal

---

加入少许酱油，更容易入口

# 芝士腌西蓝花

**材料（易做的量）**
西蓝花…1个
白芝士…3大勺
A｜橄榄油…2大勺
　｜盐…1/4小勺
　｜酱油…1小勺

**做法**
1 西蓝花分成小朵，茎部去皮，切成5mm厚的圆片，加少许盐（材料外），焯2分30秒，放在滤网上沥干水分，冷却。
2 将材料A放在碗里混合，加西蓝花、白芝士拌匀。

1/6份
**0.9** g
89 kcal

---

食材种类多，分量十足

# 三文鱼菠菜豆奶烘蛋

**材料（6人份，直径21cm的耐热盘，1盘）**
熏三文鱼…70g
菠菜…1/2把
黑橄榄…8个
A｜蛋液…4个的量
　｜芝士粉…3大勺
　｜豆奶（原味）…1/2杯
　｜盐…1撮
　｜胡椒…少许
橄榄油…少许

**做法**
1 菠菜切成5cm长的段，放入耐热盘中，盖上耐热保鲜膜，用微波炉加热2分钟，散热。三文鱼切成三四等份。
2 将材料A放在碗中混合，加步骤1的材料和黑橄榄搅拌。
3 在耐热盘中涂橄榄油，均匀放上步骤2的材料，用预热至180℃的烤箱烤25分钟左右。散热后切成12等份。

1/6份
**0.8** g
100 kcal

大口吃肉，补充能量

# 香煎鸡肉便当

适合想大口吃肉的日子，
以香料调味，有嚼劲的肉为主食的便当。
加入了大量蔬菜，营养均衡。

做法简单，
塞得满满的，
分量十足的便当

1人份
1.7 g
565 kcal

咖喱粉和辣椒粉调味，让人上瘾

# 香煎鸡肉

**材料（1人份）**
鸡腿肉…1片（250g）
芦笋…2根
生菜叶…1片
紫甘蓝叶…1/2小片
A｜ 盐…1/4小勺
　　咖喱粉…1/2小勺
　　黑胡椒碎、
　　辣椒粉…各少许
橄榄油…1小勺

**做法**
1 鸡腿肉去掉多余油脂，切开较厚的部分，涂抹材料A。芦笋削去根部硬皮，切成4段。生菜叶、紫甘蓝叶撕成适口大小。
2 平底锅中倒入橄榄油，将芦笋煎好后取出。鸡皮朝下放入鸡腿肉煎3分钟左右，变成焦黄色后翻面，盖上盖子，小火焖5分钟左右。
3 散热后切成方便食用的大小，搭配芦笋和菜叶。

简单时尚，可以用来招待客人

# 西芹腌生火腿

**材料（1人份）**
西芹…1/2根
生火腿…2片
水萝卜…2个
A｜ 橄榄油…1大勺
　　白葡萄酒醋
　　（或醋）…1小勺
　　盐…1撮
　　胡椒…少许

**做法**
1 西芹去筋，斜刀切薄片，水萝卜切成圆薄片，生火腿切成4等份。
2 将材料A混合，加步骤1的材料搅拌，静置入味。

1人份
1.6 g
147 kcal

使用能提高满足感的食材，分量十足的沙拉

# 西蓝花鸡蛋熟食沙拉

**材料（1人份）**
西蓝花…50g
煮鸡蛋…1个
白芝士…1/2大勺
A｜ 蛋黄酱…1大勺
　　柠檬汁…1/3小勺
　　盐、胡椒…各少许

**做法**
1 西蓝花分成小朵，加少许盐（材料外），焯3分钟左右，放在滤网上沥干水分。煮鸡蛋切成8等份。
2 将材料A放在碗里混合，加步骤1的材料和白芝士拌匀。

分量十足，在减糖的同时保证营养均衡

就算不吃米饭，满满一盒菜也能让人满足减糖瘦身要想看到成效，坚持很重要。如果每顿饭都觉得没吃饱，要想坚持就会很难。既然减少了米饭的量，就要用有嚼劲的料理填满便当盒，既能带来饱腹感，营养又均衡。菜的种类保持在能够轻松制作的3种即可。

1人份
1.4 g
185 kcal

## 以鱼为主

# 热乎乎的大份鱼肉便当

就算不吃米饭也能满足，
满满一盒的料理口感劲道。
放入一整块三文鱼作为主菜，分量十足。

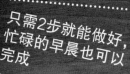

只需2步就能做好，
忙碌的早晨也可以
完成

合计

**4.5** g

602 kcal

1人份
0.8 g
154 kcal

不用面包粉，用芝士粉做出超低糖料理

# 芥末芝士
# 炙烤三文鱼

材料（1人份）
三文鱼…1块
（100g）
盐、胡椒…各少许
芥末粒、芝士粉…
各1小勺

做法
1 三文鱼上撒盐、胡椒，表面涂芥末粒，撒芝士粉。
2 在烤盘上铺一层铝箔纸，放入三文鱼，烤8分钟左右。

1人份
1.5 g
93 kcal

用鳀鱼和橄榄做出丰富的味道

# 香草煎蘑菇橄榄

材料（1人份）
蟹味菇…1包
口蘑…5个
黑橄榄片…5g
意大利香芹末…
1大勺
A｜鳀鱼末…1大勺
　｜盐…1撮
　｜胡椒…少许
橄榄油…1/2大勺

做法
1 蟹味菇去根，分成小朵。口蘑切薄片。
2 平底锅中倒入橄榄油，将蘑菇炒软后加黑橄榄片、意大利香芹末和材料A迅速翻炒。

蛋黄酱增加黏稠度

# 菠菜炒蛋

材料（1人份）
菠菜…1/2把
鸡蛋…2个
A｜蛋黄酱…1大勺
　｜盐、胡椒…各少许
色拉油…1/2大勺

做法
1 将菠菜切成2cm长的段。鸡蛋打散，加材料A混合。
2 平底锅中倒入色拉油，将菠菜炒软后加蛋液搅拌均匀。

1人份
1.2 g
311 kcal

黄瓜和生菜的美妙口感

# 火腿生菜卷

材料（1人份）
生菜…1片
烤火腿…1片
黄瓜…5cm

做法
1 生菜去梗，纵向切成两半。黄瓜切成4块。
2 将两片生菜重叠，包起火腿和黄瓜，用牙签固定后切成两半。

1人份
1.0 g
44 kcal

肉

1人份<br>
1.8 g<br>
181 kcal

1人份<br>
2.0 g<br>
176 kcal

味噌风味，冷食依然美味

# 味噌羊栖菜煎肉

**材料（1人份）**
羊栖菜芽
（干燥）…1大勺
A 鸡肉馅…80g
　葱花…1小勺
　味噌…1小勺
　清酒…1/4小勺
　酱油…少许
香油…少许
七味唐辛子…少许

**做法**
1 羊栖菜芽洗净，浸泡20分钟，沥干水分。将材料A放入碗中混合，加羊栖菜芽拌匀。
2 在烤盘上铺铝箔纸，涂香油后倒入步骤1的材料，摊成长10cm、宽8cm的饼。
3 用预热好的烤箱烤10分钟，用牙签扎进去，渗出透明肉汁即已烤好。取出冷却，切成方便食用的大小。最后撒七味唐辛子。

用厨房剪轻松制作

# 梅子芥末烤鸡柳

**材料（2人份）**
鸡柳…2根
梅干…1个
芥末…1/2小勺
盐…少许
清酒…1小勺
香油…1/2小勺
色拉油…1小勺

**做法**
1 鸡柳用厨房剪去掉肉筋，斜剪成两半后撒盐和清酒。
2 梅干去核，用菜刀敲散，加香油搅拌。
3 平底锅中倒入色拉油加热，鸡柳两面各煎1分钟，调小火再煎2分钟左右，放入梅干和芥末。

用肉馅和鸡蛋增加分量

# 青椒蛋

**材料（1人份）**
青椒…1小个
混合肉馅…40g
煮鸡蛋…1/2个
A 蛋黄酱…2小勺
　盐、胡椒…各少许

**做法**
1 将混合肉馅放入耐热盘中，盖上耐热保鲜膜，用微波炉加热40～50秒。加入切成丁的煮鸡蛋和材料A混合。
2 青椒纵向切成两半，去籽、去蒂，塞进馅料后用吐司烤箱烤六七分钟。

用芥末提味

# 芥末蛋黄酱炒鸡肉杏鲍菇

**材料（1人份）**
鸡腿肉…1/4大片
杏鲍菇…1小根
A 蛋黄酱…1/2大勺
　芥末粒…1/2小勺
　盐、胡椒…各少许
盐、胡椒、面粉…
各少许
橄榄油…少许

**做法**
1 鸡腿肉去除多余脂肪，切成5cm长的条，撒盐、胡椒，涂面粉。杏鲍菇纵向撕成4等份。将材料A混合均匀。
2 平底锅中倒入橄榄油加热，鸡皮朝下，将鸡腿肉煎成焦黄色后加入杏鲍菇翻炒。擦净平底锅中多余的油脂，调大火，加入材料A调味。

1人份<br>
1.1 g<br>
200 kcal

1人份<br>
2.6 g<br>
231 kcal

1人份
7.0 g
335 kcal

1人份
1.9 g
216 kcal

加入芦笋更加爽脆

# 芦笋汉堡肉

材料（1人份）
芦笋…2根
A 混合肉馅…80g
　洋葱碎…1/8个的量
　番茄酱…1大勺
　芝士粉…2大勺
色拉油…1小勺

做法
1 去掉芦笋坚硬的根部外
皮，切成两段。
2 将材料A放入碗中搅拌
均匀。
3 用肉馅分别包裹2根芦笋。
4 平底锅中加入色拉油加
热，放入芦笋肉卷，边翻转
边烤至整体上色。调小火，
盖上盖子，焖五六分钟。

充分入味，让人上瘾

# 平底锅烤鸡排

材料（1人份）
鸡排…8根
A 原味酸奶…1/2大勺
　番茄酱…1/2大勺
　咖喱粉…1/2小勺
　蒜末…1/4瓣
　盐、黑胡椒碎…
　　各1/3小勺
橄榄油…1小勺

做法
1 将材料A放入保鲜袋
中混合，放入鸡排揉
搓入味。
2 平底锅中倒入橄榄
油加热，放入鸡排，
煎2分钟左右，变成
焦黄色后翻面，盖上
盖子小火煎4分钟。
可搭配生菜、水萝卜。

柠檬的味道爽口

# 盐煎五花肉

材料（1人份）
牛五花肉…3片
A 葱花…2小勺
　香油…1小勺
　柠檬汁…少许
　盐、黑胡椒碎…
　　各少许
盐、黑胡椒…各少许
色拉油…少许

做法
1 牛五花肉上撒盐、黑胡
椒。将材料A混合均匀。
2 平底锅中倒入色拉油加
热，放入牛肉，双面煎
至焦黄色，加入材料A拌
匀。可搭配扇形柠檬片。

牛肉的鲜味充斥口腔

# 黄油酱油韭菜金针菇
# 牛肉卷

材料（1人份）
牛腿肉片…5片
金针菇…1/2包
韭菜…1/2把
A 酱油…1小勺
　盐…少许
黄油…10g
盐、黑胡椒碎…
各少许

做法
1 金针菇去根，韭菜切成10cm
长的小段。
2 牛腿肉片上撒盐、黑胡椒碎，
每片卷1/5的金针菇和韭菜。
3 在平底锅中化开黄油，将
牛肉卷接口朝下煎2分钟左
右，翻面后盖上盖子，小火
焖2分钟。擦净锅中多余的油
脂，加入材料A迅速翻炒。

1人份
1.4 g
259 kcal

1人份
3.0 g
264 kcal

1人份
2.0 g
161 kcal

1人份
2.0 g
149 kcal

醇香的酱料让肉更可口

# 中式煮肉片

**材料（1人份）**
猪肉片
（涮肉用）…5片
青菜…1/2棵
A｜葱花…2小勺
　｜姜末…少许
　｜酱油、香油…
　｜各1小勺
　｜白砂糖…少许
清酒…少许

**做法**
1 青菜撒盐（材料外），
焯水后过冷水，沥干后
切成4cm长的小段，菜
帮切成4～6块。在焯过
青菜的热水中加清酒，
将猪肉片焯后冷却。
2 淋混合均匀的材料A。

香料能激发食欲

# 咖喱炒肉

**材料（1人份）**
碎猪肉块…60g
洋葱…1/8个
盐、胡椒、咖喱粉、
橄榄油…各少许

**做法**
1 在碎猪肉块上撒盐、胡
椒、咖喱粉。洋葱横向切成
约6mm厚的片。
2 平底锅中倒入橄榄油加
热，翻炒猪肉和洋葱。根据
个人口味搭配意大利香芹。

露出切面，让便当显得更丰盛

# 芦笋梅干海苔肉卷

**材料（1人份）**
猪腿肉片…3大片
烤海苔
（3cm×10cm）…3片
梅干…1小个
芦笋…1根
面粉…适量
色拉油…1小勺

**做法**
1 芦笋削去根部坚硬部
分，切成3等份。梅干去
核，用菜刀拍散。
2 铺开猪腿肉片，涂梅
肉，放入烤海苔、芦笋
后卷好，撒面粉。
3 在平底锅中倒入色拉
油加热，猪肉卷接口朝
下放，与平底锅接触的
部分变成焦黄色后翻
面，再煎4分钟，斜切成
两半。

分量正适合放在便当里

# 烤五花肉辣椒串

**材料（1人份）**
猪五花肉片…3片
青辣椒…3根
盐、黑胡椒碎、
酱油…各少许
色拉油…1小勺

**做法**
1 用牙签插进猪五花肉片
中，插上1根青辣椒，撒
盐、黑胡椒碎。
2 在小平底锅中倒入色拉
油，加热后放入辣椒肉串。
双面煎至焦黄后用厚纸巾擦
去多余油脂，加酱油拌匀。

1人份
0.5 g
278 kcal

1人份
3.0 g
184 kcal

# 香肠

外形可爱、色彩鲜艳

## 香肠热狗

**材料**（1人份）
香肠2根、芝士1/4片、生菜叶少许

**做法**
1 香肠从中间切开，焯水后冷却。
2 夹入撕开的生菜叶和切成三角形的芝士片。

1人份
2.8 g
148 kcal

1人份
1.6 g
19 kcal

晚上准备好，第二天简单烤制

## 香肠蔬菜比萨杯

**材料**（1人份）
香肠2根、洋葱1/8个、黄甜椒1/6个、比萨芝士10g、番茄酱1小勺、欧芹末少许

**做法**
1 香肠切小块、洋葱、黄甜椒横向切成两半，再纵向切薄片。
2 在较大的铝箔杯中混合步骤1的材料，淋番茄酱，撒芝士。
3 用预热好的烤箱烤五六分钟，撒欧芹末。

1人份
6.2 g
190 kcal

柚子胡椒和芜菁味道搭配和谐

## 柚子胡椒煎香肠芜菁

**材料**（1人份）
香肠2根、芜菁1个、盐少许、胡椒少许、柚子胡椒少许、橄榄油少许

**做法**
1 香肠切薄片。芜菁切成两半后切成1cm厚的片，叶子切成3cm长的段。
2 平底锅中倒入橄榄油，加热后放香肠、芜菁煎至变色后加入叶子翻炒，用盐、胡椒、柚子胡椒调味。

1人份
2.4 g
205 kcal

清香扑鼻，令人上瘾

## 罗勒香肠

**材料**（1人份）
香肠3根、干罗勒少许、黑胡椒碎少许、色拉油少许、扇形柠檬片2~3片

**做法**
1 香肠斜刀划出浅痕。
2 平底锅中倒入色拉油加热，加热香肠。撒罗勒、黑胡椒碎，搭配柠檬片。

可根据个人口味改变蔬菜种类

## 串烧香肠

**材料**（1人份）
香肠2根、玉米笋1根、色拉油少许

**做法**
1 香肠、玉米笋切成1cm厚的小块，用竹扦穿成串。
2 平底锅中倒入色拉油加热，放入香肠串双面煎。

1人份
1.5 g
141 kcal

忙碌的早晨也能迅速做好

## 圆白菜炒香肠

**材料**（1人份）
香肠2根、圆白菜25g、中浓酱汁1~2小勺、色拉油少许

**做法**
1 香肠斜刀切片，圆白菜切成适口大小。
2 平底锅中倒入色拉油加热，翻炒香肠和圆白菜，圆白菜变软后用中浓酱汁调味。

1人份
3.8 g
151 kcal

海鲜

1人份
**1.2** g
224 kcal

1人份
**4.8** g
113 kcal

虾仁弹牙、口感绝佳

# 鸡蛋炒虾仁

材料（1人份）
虾仁…80g
鸡蛋…1个
小葱…3根
酱油…1小勺
香油…2小勺

做法
1 虾仁开背，去虾线。小葱切成3cm长的段。
2 鸡蛋打散，加酱油拌匀。
3 平底锅里倒入香油，将虾仁翻炒变色后加小葱搅拌，倒入蛋液，边搅拌边做熟。

肉质松软

# 柚子胡椒蒸白肉鱼

材料（1人份）
白肉鱼…1块
金针菇…1/2袋
大葱…30g
A｜柚子胡椒…少许
　｜清酒…2小勺
　｜酱油…1小勺

做法
1 白肉鱼切成两三等份。金针菇去根，切成两段后撕开。大葱纵向切成两段后斜刀切薄片。
2 所有材料放在铝箔纸上，倒入搅匀的材料A包好，放在烤鱼架（或烤箱里）上烤10分钟。

咖喱粉和胡椒味道可口

# 香料煎鱿鱼

材料（1人份）
鱿鱼卷（或躯干部位）…80g
秋葵…3根
咖喱粉、黑胡椒碎…各1/2小勺
盐…少许
香油…2小勺

做法
1 鱿鱼表面斜刀划出浅痕，切成方便食用的大小。撒咖喱粉、黑胡椒碎和盐。
2 秋葵去蒂，撒少许盐（材料外）揉搓，洗净。
3 平底锅中倒入香油加热，放入鱿鱼和秋葵，双面煎熟。

利用芳香扑鼻的杏仁减糖

# 杏仁片炸三文鱼

材料（1人份）
三文鱼…1块
杏仁片…25g
蛋清…1/2个的量
A｜白葡萄酒…1/2大勺
　｜盐…1/4小勺
　｜胡椒…少许
色拉油…适量

做法
1 三文鱼切成适口大小，用材料A调味。
2 杏仁片掰碎。
3 三文鱼上裹蛋清，撒杏仁，用170℃的油炸3分钟左右。根据个人口味搭配嫩菜叶和小茴香。

1人份
**1.5** g
142 kcal

1人份
**3.1** g
306 kcal

芥末蛋黄酱调出醇厚的味道

# 芥末粒蛋黄酱炙烤三文鱼

**材料（1人份）**
腌三文鱼…1/2块
A | 蛋黄酱…1大勺
　 | 芥末粒…1/2小勺

**做法**
1 将腌三文鱼切成两半，用吐司烤箱烤3分钟左右。
2 将材料A搅匀，涂在三文鱼表面，再烤两三分钟，变成焦黄色。

前一天晚上腌制好，早上烤熟即可

# 坦杜里虾

**材料（1人份）**
虾…3只
西葫芦…30g
A | 原味酸奶
　 | （低脂）…2大勺
　 | 咖喱粉…1/4小勺
　 | 番茄酱…1小勺
　 | 蜂蜜…1/2小勺
　 | 蒜末、姜末…
　 | 各少许
盐、胡椒…各少许
扇形柠檬片…适量

**做法**
1 虾开背，去虾线和尾后撒盐、胡椒。西葫芦切成1cm厚的圆片。
2 将材料A混合，加入步骤1的材料腌制10分钟左右。
3 取出后用吐司烤箱（或烤鱼架）烤7分钟左右，搭配柠檬。

口感劲道的鱿鱼适合减重

# 番茄橄榄煮鱿鱼

**材料（1人份）**
鱿鱼（冷冻，
适口大小）…60g
黑橄榄…3个
圣女果…2个
A | 水…1/4杯
　 | 浓汤宝颗粒
　 | …少许
　 | 番茄酱…2小勺
盐、胡椒…各少许

**做法**
1 鱿鱼解冻后擦干水分。圣女果去蒂，切成两半。
2 用小锅将材料A煮开，加入鱿鱼、圣女果和黑橄榄煮3分钟左右。
3 取出食材，将酱汁熬煮片刻后用盐、胡椒调味，放回食材拌匀。

减肥期间，利用鱿鱼中的牛磺酸缓解疲劳

# 芝麻盐拌鱿鱼

**材料（1人份）**
水煮鱿鱼（腿）…
1/2根
黄瓜…1/4根
生菜…1/2片
A | 香油…1/2大勺
　 | 盐…少许
炒白芝麻…3/4大勺

**做法**
1 将鱿鱼切成适口大小。
2 黄瓜斜刀切薄片后切丝，生菜撕碎。
3 将鱿鱼加入材料A搅拌，加入炒白芝麻拌匀。
4 将所有材料装盘。

195

1人份
0.5 g
186 kcal

1人份
3.7 g
374 kcal

生火腿的咸味与清淡的旗鱼搭配和谐

# 煎生火腿旗鱼卷

**材料（1人份）**
旗鱼…1块
生火腿…1片
白葡萄酒…1大勺
盐、胡椒…各少许
黄油…1/2大勺
色拉油…1/2小勺

**做法**
1 旗鱼用生火腿卷好。
2 在平底锅中倒入色拉油，生火腿接口朝下煎至变色，翻面后同样煎至变色，中间煎透。倒入白葡萄酒，煮开后加黄油，用盐、胡椒调味。根据个人口味搭配生菜叶等。

刚出锅和冷却后同样美味

# 龙田煎鲕鱼

**材料（1人份）**
鲕鱼…1块
A 清酒、酱油…各1小勺
　姜汁…少许
淀粉、色拉油…各适量

**做法**
1 鲕鱼切成适口大小，裹上材料A后静置5分钟。
2 在平底锅中倒入1cm深的色拉油，加热至170℃，鲕鱼裹上淀粉后放入锅中，边翻面边炸2分30秒左右，沥干油分。根据个人口味搭配柠檬。

酱料的味道让人上瘾

# 蒜香金枪鱼排

**材料（1人份）**
金枪鱼（刺身）…3块
蒜片…2片
A 黄油、酱油…各少许
盐、黑胡椒碎…各少许
色拉油…少许

**做法**
1 金枪鱼撒盐和黑胡椒碎。
2 平底锅中倒入色拉油，放入蒜片，中小火煎至两面焦黄后取出，放入金枪鱼，大火煎至焦黄色后调小火。擦去锅中多余油脂，用材料A调味。根据个人口味搭配欧芹。

加入姜提味

# 豆芽炒青花鱼

**材料（1人份）**
青花鱼…80g
豆芽…1/4袋
韭菜…4根
A 姜汁…1小勺
　醋、酱油…各1/2小勺
　盐、胡椒…各少许
香油…1/2小勺

**做法**
1 青花鱼切片，豆芽去根，韭菜切成3cm长的段。
2 平底锅中倒入香油加热，放入青花鱼，两面煎熟后加豆芽、韭菜翻炒，加材料A调味。

1人份
0.7 g
108 kcal

1人份
1.8 g
232 kcal

# 鹌鹑蛋

一口大小的鹌鹑蛋很适合放在便当中，用水煮后很容易调成各种味道。只需稍微下些功夫，就能做出色彩鲜艳、营养价值高的料理。

**1人份**
**3.6 g**
**300 kcal**

用沙拉汁轻松制作

## 法式咖喱鹌鹑蛋

**材料（1人份）与做法**
在耐热容器中倒入3大勺法式沙拉调味汁，用微波炉加热1分钟。趁热撒1小勺咖喱粉，加入6个水煮鹌鹑蛋拌匀，冷却。

**1人份**
**1.3 g**
**97 kcal**

用蘸面汁简单调味

## 照烧鹌鹑蛋

**材料（1人份）与做法**
1 将适量青椒切成1cm宽的圆片。
2 平底锅中倒入1小勺色拉油加热，放入青椒和3个水煮鹌鹑蛋翻炒，加1/2大勺蘸面汁（2倍浓缩）和1小勺水拌匀。

---

粉色和黄色的可爱鹌鹑蛋

## 彩色鹌鹑蛋

**材料（1人份）与做法**
1 耐热容器中加1/4杯水、1/2小勺红藻末、1小勺醋和1小勺白砂糖。在另一容器中加入1/4杯水、1/2小勺咖喱粉、1小勺醋、1小勺白砂糖和少许盐。分别盖上耐热保鲜膜，用微波炉加热1分钟左右，搅拌均匀。
2 在2个耐热容器中分别放入2个水煮鹌鹑蛋，用厚纸巾盖住，让鹌鹑蛋浸泡在酱汁里，不时翻转，腌制20分钟左右。

**1人份**
**7.0 g**
**105 kcal**

烤出香味

## 味噌蛋黄酱烤鹌鹑蛋

**材料（1人份）与做法**
将1小勺味噌、2小勺蛋黄酱搅拌均匀，加入6个水煮鹌鹑蛋，放在铝箔杯中，用吐司烤箱烤至变色。

**1人份**
**1.7 g**
**177 kcal**

---

**1人份**
**0.6 g**
**58 kcal**

黄瓜可以用火腿或芝士替换

## 黄瓜卷

**材料（1人份）与做法**
1 将1/4根黄瓜纵向切薄片。
2 用黄瓜片分别卷起水煮鹌鹑蛋，用牙签固定。根据个人口味搭配蛋黄酱。

**1人份**
**1.4 g**
**105 kcal**

蛋黄酱味道可口

## 芦笋鹌鹑蛋沙拉

**材料（1人份）与做法**
1 将3个水煮鹌鹑蛋切丁。1根芦笋去掉根部坚硬的部分，切成约1cm长后加盐焯水，冷却。
2 混合1/2大勺蛋黄酱、少许盐、胡椒、浓汤宝颗粒（清汤），加入步骤1的材料拌匀。

---

窍门是使用少许咖喱粉

## 番茄酱炒蛋

**材料（1人份）与做法**
1 将1根香肠切成两段，划开做成章鱼形。
2 平底锅中倒入1小勺色拉油，放入香肠，张开后加入3个水煮鹌鹑蛋翻炒，加1/2大勺番茄酱和少许咖喱粉调味。

**1人份**
**2.9 g**
**167 kcal**

不用开火就能完成

## 韩式辣酱拌鹌鹑蛋

**材料（1人份）与做法**
1 黄瓜切成3cm长的小块。
2 将1/2小勺韩式辣酱、1小勺蛋黄酱拌匀，加入4个水煮鹌鹑蛋和黄瓜拌匀。

**1人份**
**2.5 g**
**112 kcal**

# 鸡蛋、豆腐、豆制品

1人份
2.4 g
182 kcal

1人份
0.5 g
158 kcal

用鱼露和甜辣酱调出异国风味

## 亚洲风味煎蛋饼

**材料（1人份）**
鸡蛋…1大个
猪肉馅…20g
杏鲍菇…40g
香菜…5g
鱼露…1/2小勺
黄油…1小勺
甜辣酱
（市售）…少许

**做法**
1 杏鲍菇切丁，香菜切碎。
2 在平底锅中放入猪肉馅和杏鲍菇，翻炒熟后放入碗中。打入鸡蛋，加香菜、鱼露混合。
3 在平底锅中化开黄油，倒入蛋液煎成蛋饼。
4 根据个人口味搭配生菜，淋甜辣酱。

造型美观，适合待客

## 填馅鸡蛋

**材料（1人份）**
煮鸡蛋…1个
金枪鱼罐头…1大勺
A｜蛋黄酱…1/2大勺
　｜盐、胡椒…各少许

**做法**
1 煮鸡蛋纵向切成两半，取出蛋黄。
2 金枪鱼罐头倒出汤汁，与蛋黄、材料A拌匀。
3 将步骤2的材料塞进蛋白中，根据个人口味撒欧芹末。

用芝士调出清淡的味道

## 菠菜芝士鸡蛋杯

**材料（1人份）**
鸡蛋…1个
菠菜…2棵
蟹味菇…1/4包
白芝士…1大勺
盐、胡椒…各少许
番茄酱…1小勺

**做法**
1 菠菜加少许盐（材料外）焯水，拧干后切成小段。蟹味菇切掉根部后撕开。
2 将步骤1的材料、白芝士、盐、胡椒混合后倒入直径约7cm的铝箔杯中。打入鸡蛋，用吐司烤箱烤7分钟左右（或烤箱230℃烤10分钟）。淋番茄酱。

培根的鲜味能提高满足感

## 圆白菜豆奶洛林蛋糕

**材料（1人份）**
鸡蛋…1大个
圆白菜…1/2片
培根…1/2片
A｜豆奶（原味）…
　｜2大勺
　｜芝士粉…2小勺
　｜盐、胡椒…各少许

**做法**
1 圆白菜切成5mm见方的小片，放入耐热容器中，盖上耐热保鲜膜，用微波炉加热30秒左右。培根切成5mm宽的条。
2 鸡蛋打散，加步骤1的材料和材料A搅匀，倒入铝箔杯（直径约7cm）中。
3 用吐司烤箱烤10分钟左右。

1人份
2.3 g
109 kcal

1人份
2.2 g
171 kcal

1人份
1.2 g
161 kcal

1人份
0.6 g
150 kcal

使用培根，缩短煎烤时间

# 嫩煎芝士培根

**材料（1人份）**
培根…3片
A｜蛋液…1个
　｜芝士粉…1/2小勺
　｜欧芹末…1小勺
　｜盐、胡椒…各少许
面粉…适量
橄榄油…1小勺
番茄酱…少许

**做法**
1 培根切成5等份，叠放好。
2 混合材料A。在培根上涂面粉。
3 在小平底锅中倒入橄榄油加热，用培根蘸材料A后放入锅中，鸡蛋凝固后翻面，随时翻面，不断蘸材料A煎烤。最后淋番茄酱。

用蛋黄酱烤成焦黄色

# 蛋黄酱烤油豆腐串

**材料（1人份）**
油豆腐…1/3片
（80g）
蛋黄酱…1小勺
盐、黑胡椒碎…各少许
小葱段…适量

**做法**
1 油豆腐切成适口大小，用竹扦穿好，撒盐、黑胡椒碎。
2 平底锅中倒入蛋黄酱加热，将油豆腐串双面煎成焦黄色，撒小葱段。

口感酥脆的超低糖小菜

# 油豆腐梅干三明治

**材料（1人份）**
油豆腐…1/2片
梅干…1/2个
芝士片…1片

**做法**
1 油豆腐用筷子擀开，打开呈袋状。梅干去核，用刀拍散。
2 在油豆腐里放入芝士片和梅肉。
3 加热平底锅，放入油豆腐双面煎成焦黄色，切成方便食用的大小。

圆滚滚的外表很可爱

# 蟹肉棒包

**材料（1人份）**
蟹肉棒…1根
鸡蛋…1个
盐、白砂糖…各少许

**做法**
1 蟹肉棒切成1cm长的小段，撕开。
2 在碗里打鸡蛋，加盐、白砂糖和蟹肉棒混合。
3 倒入平底锅中加热，用4根筷子边搅拌边加热成柔软的肉松状。
4 分成2等份后用保鲜膜包好，用皮筋封口后放凉。打开保鲜膜，根据个人口味配绿紫苏。

1人份
0.4 g
124 kcal

1人份
2.3 g
92 kcal

# 煎蛋、炒蛋

用鸡蛋制作放在便当里的料理非常方便，
不过很容易千篇一律。
下面介绍几种常见的煎蛋和炒蛋做法。

## 煎蛋的做法

推荐使用尺寸合适的小型煎蛋锅，
适合煎两三个鸡蛋。

**加热到半熟**
在加热过的煎蛋锅里涂色拉油，倒入蛋液，加热到半熟。

**从内向外卷**
煎好后卷起，来回翻卷3次。

**整理形状**
在最外侧按压，调整形状，小火煎熟。冷却后切开。

## 各式煎蛋

1人份
0.3 g
120 kcal

**沙丁鱼干的咸味正好**

### 上汤沙丁鱼煎蛋

材料（1人份）与做法
在碗里打1个鸡蛋，加1大勺高汤、1大勺沙丁鱼干、少许小葱段，放进加入了1小勺色拉油的锅中煎制。

1人份
2.9 g
168 kcal

**腌萝卜的口感很好**

### 蛋黄酱腌萝卜煎蛋

材料（1人份）与做法
将2块腌萝卜切碎。在碗里打入1个鸡蛋，加1/2大勺腌萝卜、1/2大勺蛋黄酱和少许酱油混合，放进加入了1小勺色拉油的锅中煎制。

**一种调味品决定味道**

### 中式榨菜煎蛋

材料（1人份）与做法
将1大勺榨菜切碎。碗里打入1个鸡蛋，加榨菜和1大勺水混合，放进加入了1小勺色拉油的锅中煎制。

1人份
0.1 g
116 kcal

**弥漫着火腿的鲜味**

### 比萨式煎蛋

材料（1人份）与做法
将1/2片火腿切成1cm见方的块。在碗里打入1个鸡蛋，加1大勺比萨芝士、1大勺牛奶、少许欧芹末、少许盐，和火腿混合，放进加入了1小勺色拉油的锅中煎制。

1人份
1.2 g
172 kcal

1人份
1.0 g
144 kcal

**颜色鲜艳**

### 鳕鱼子萝卜苗煎蛋

材料（1人份）与做法
将四五根萝卜苗去根，切小段。碗里打入1个鸡蛋，加1大勺剥开的鳕鱼子、1大勺牛奶，放进加入了1小勺色拉油的锅中煎制。

1人份
2.2 g
126 kcal

**加入金针菇，味道醇厚**

### 日式煎蛋

材料（1人份）与做法
在碗里打入1个鸡蛋，加1大勺金针菇（罐装）和少许酱油混合，放进加入了1小勺色拉油的锅中煎制。

## 多种炒蛋

**轻松补充钙质**

### 沙丁鱼炒蛋

材料（1人份）与做法
1 将1根小葱切成1cm长的小段。
2 在碗里打入1个鸡蛋，加1小勺蘸面汁（3倍浓缩）、1大勺沙丁鱼干。
3 平底锅中倒入1小勺橄榄油加热，倒入步骤2的材料后迅速翻炒至半熟，加小葱。

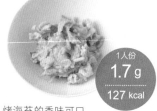

1人份
1.7 g
127 kcal

**烤海苔的香味可口**

### 海苔炒蛋

材料（1人份）与做法
1 将1/4片烤海苔略烤后揉碎。在碗里打入1个鸡蛋，加1小勺味醂、少许盐、白砂糖和酱油，加海苔碎。
2 平底锅中倒入1小勺香油加热，倒入步骤1的材料，搅拌后迅速翻炒。

1人份
3.7 g
132 kcal

**富含矿物质**

### 裙带菜炒蛋

材料（1人份）与做法
1 用足量水泡开3g干裙带菜，拧干。
2 在碗中将2/3小勺味噌、1小勺味醂混合，打入1个鸡蛋，搅拌均匀。
3 平底锅中倒入1小勺色拉油加热，将裙带菜翻炒片刻后倒入步骤2的材料，搅拌后迅速翻炒。

1人份
3.6 g
139 kcal

**绿色配菜**

| 1人份 | |
|---|---|
| 4.2 g | 38 kcal |

| 1人份 | |
|---|---|
| 2.5 g | 68 kcal |

色彩鲜艳，适合放在便当里

# 白菜蟹肉黄瓜卷

**材料（1人份）**
白菜…1/2小片
蟹肉棒…2根
黄瓜…1/4根
盐…少许

**做法**
1 白菜用耐热保鲜膜包裹，用微波炉加热1分钟左右。过凉水冷却，用厚纸巾充分擦干水分。蟹肉棒切丁。黄瓜切成6cm长的丝。
2 将白菜展开后撒盐，放上蟹肉棒和黄瓜，卷起后切成方便食用的大小。

用山椒调味

# 山椒黑芝麻腌黄瓜

**材料（1人份）**
黄瓜…1根
盐…少许
A| 炒黑芝麻…1大勺
 | 盐…1/6小勺
 | 山椒粉…适量

**做法**
1 黄瓜去皮，撒盐后放在案板上滚动摩擦，用擀面杖拍打后切成方便食用的大小。
2 将材料A放在碗里混合，加入黄瓜拌匀。

蒜的味道很诱人

# 鳀鱼圆白菜

**材料（1人份）**
圆白菜…1片
蒜…1/2瓣
鳀鱼…1块
胡椒…少许
橄榄油…1小勺
欧芹末…少许

**做法**
1 圆白菜切成约3cm见方的小片，蒜切薄片，鳀鱼切碎。
2 平底锅中倒入橄榄油，将蒜炒出香味后加鳀鱼迅速翻炒。
3 加入圆白菜翻炒，撒胡椒，装盘后撒欧芹末。

推荐在忙碌时制作

# 芝士煎西葫芦

**材料（1人份）**
西葫芦…1/2根
芝士粉…1小勺
胡椒、酱油…各少许
橄榄油…1/2小勺

**做法**
1 西葫芦切成1cm厚的片。
2 平底锅中倒入橄榄油加热，放入西葫芦，双面煎成焦黄色后加入芝士粉、胡椒、酱油，翻炒入味。

| 1人份 | |
|---|---|
| 1.8 g | 54 kcal |

| 1人份 | |
|---|---|
| 0.9 g | 36 kcal |

1人份
2.1 g
147 kcal

1人份
2.3 g
14 kcal

切成大块的鸡蛋能增加分量

# 鞑靼酱西蓝花

材料（1人份）
西蓝花…1/6个
煮鸡蛋（全熟）…1/2个
黄瓜…1/6根
A| 蛋黄酱…1大勺
 | 芥末…1小勺
 | 盐…1/6小勺
 | 胡椒…少许
盐…少许

做法
1 西蓝花分成小朵，加少许盐（材料外）焯水，充分擦干水分。
2 煮鸡蛋切成4等份。黄瓜切成薄片后撒盐揉搓，变软后拧干。
3 在碗中混合材料A，加步骤1和步骤2的材料拌匀。

只用海带调味，做法简单

# 青椒拌海带

材料（1人份）
青椒…2个
咸海带（市售）…5g

做法
1 青椒纵向切成两半，去籽、去蒂，焯水后放在滤网上冷却，切丝。
2 加咸海带拌匀。

苦瓜的苦味让人上瘾

# 煮苦瓜

材料（1人份）
苦瓜…1/4根
A| 水…1/4杯
 | 清酒…1/2大勺
 | 酱油…3/4大勺
盐…少许
干松鱼…1/2小包

做法
1 苦瓜纵向切成两半，用勺子挖去籽，切薄片。撒盐，变软后拧干水分。
2 在小锅中放入材料A煮沸，加入干松鱼和苦瓜迅速煮熟。

突出清脆的口感，爽口的料理

# 橄榄油蒜香芦笋

材料（1人份）
芦笋…5根
蒜…1/2瓣
红辣椒…1/2根
橄榄油…2小勺
盐、胡椒…各少许

做法
1 芦笋用削皮刀削去根部坚硬的部分，斜刀切成约7cm长的段。蒜切碎，红辣椒去籽后切小丁。
2 平底锅中倒入橄榄油，放蒜、红辣椒加热出香味后加芦笋翻炒，用盐、胡椒调味。

1人份
2.4 g
31 kcal

1人份
1.4 g
50 kcal

1人份
1.8 g
69 kcal

1人份
6.3 g
87 kcal

不用开火，适合忙碌的早晨

## 番茄芝士紫苏三明治

**材料**（1人份）
番茄…1/2小个
芝士片…1片
绿紫苏…2片

**做法**
1 番茄切成5瓣，芝士片切成4等份，绿紫苏纵向切成两半。
2 将番茄、绿紫苏和芝士依次排好。

用芝士调出日式风味

## 干松鱼酱油拌圣女果芝士

**材料**（1人份）
圣女果…6个
马苏里拉芝士…20g
干松鱼…少许
酱油…1/2小勺

**做法**
1 圣女果去蒂，切成两半。马苏里拉芝士切成1cm见方的块。
2 放入碗中，加干松鱼、酱油拌匀。

鳕鱼子的口感、味道和蔬菜很配

## 胡萝卜鳕鱼子沙拉

**材料**（1人份）
胡萝卜…1/2根
鳕鱼子…15g
洋葱…15g
盐、胡椒…各少许
橄榄油…1/2小勺

**做法**
1 胡萝卜切丝，鳕鱼子去皮后打散，洋葱切碎。
2 放入耐热容器中拌匀，盖上耐热保鲜膜，用微波炉加热1分钟左右。
3 加橄榄油、盐、胡椒拌匀。

色彩鲜艳，让便当更好看

## 中式芹菜拌蟹肉

**材料**（1人份）
蟹肉棒…2根
芹菜…1/5根
葱花…1小勺
A｜ 香油…1小勺
　｜ 酱油、胡椒…各少许

**做法**
1 蟹肉棒撕开，芹菜斜刀切成3cm长的薄片。
2 将步骤1的材料和葱花放入碗中，加材料A拌匀。

1人份
6.4 g
77 kcal

1人份
3.5 g
69 kcal

1人份
**2.3 g**
27 kcal

1人份
**5.8 g**
69 kcal

享受玉米笋的口感

# 干松鱼酱油烤玉米笋

**材料（1人份）**
玉米笋…6根
干松鱼…2g
酱油…1/2小勺

**做法**
1 玉米笋斜刀切成两半，用吐司烤箱或烤鱼架烤至焦黄色。
2 加干松鱼、酱油拌匀。

为便当增添色彩

# 腌红甜椒

**材料（1人份）**
红甜椒…1/2个
A 醋…1大勺
　 橄榄油…1小勺
　 盐…1/3小勺
　 胡椒…少许

**做法**
1 红甜椒纵向切成两半，然后切丝。
2 放入小锅，倒水没过食材后开火，煮沸后再煮三四分钟，倒掉热水，烧至水分蒸发为止。
3 趁热加材料A混合。

煎至焦黄色的芝士味道可口

# 芝士煎甜椒

**材料（1人份）**
黄甜椒（1cm宽的圆片）…2块
比萨芝士…20g

**做法**
加热平底锅，在两处各放10g芝士。化开后放入黄甜椒压扁，双面煎至焦黄。

调味简单，只用寿司醋和咖喱粉

# 咖喱菜花泡菜

**材料（1人份）**
菜花…40g
咖喱粉…1/4小勺
寿司醋（市售）…1½大勺

**做法**
1 菜花分成小朵。
2 在耐热容器中加入咖喱粉、寿司醋搅拌均匀，放入菜花后盖上耐热保鲜膜，用微波炉加热30~40秒。

1人份
**2.1 g**
84 kcal

1人份
**4.3 g**
29 kcal

# 白色、褐色配菜

1人份
0.9 g
84 kcal

1人份
0.1 g
13 kcal

加入火腿更劲道

## 蛋黄酱拌羊栖菜

材料（1人份）
羊栖菜（干）…5g
火腿…1/2片
A│蛋黄酱…2小勺
　│盐、胡椒…各少许

做法
1 羊栖菜用水泡开，放在滤网上沥干水分。火腿切成约3cm长的丝。
2 放入碗中，加材料A拌匀。

香油的风味与青海苔很配

## 青海苔拌魔芋丝

材料（1人份）
魔芋丝…50g
A│香油…1/4小勺
　│盐…少许
青海苔…适量

做法
1 魔芋丝切成方便食用的长度，放入锅中，倒水没过食材，煮制片刻后倒掉热水。
2 放入碗中，加材料A拌匀，根据个人口味撒青海苔。

柚子的味道适合作零食

## 柚子盐腌白萝卜

材料（1人份）
白萝卜…100g
柚子皮丝…少许
A│柚子汁…1/2小勺
　│盐…1/3小勺

做法
1 白萝卜切成约2mm厚的扇形。
2 将白萝卜、柚子皮丝、材料A放入塑料袋中揉搓，挤出空气后封口，静置10～15分钟。

享受杏鲍菇的口感

## 蒜香杏鲍菇

材料（1人份）
杏鲍菇…1½根
蒜…1/2瓣
盐、胡椒、
酱油…各少许
橄榄油…1/4大勺
柠檬汁…少许

做法
1 杏鲍菇纵向切成2等份或4等份，再切成两段。蒜切碎。
2 平底锅中倒入橄榄油，放入蒜炒出香味，放入杏鲍菇翻炒，用盐、胡椒、酱油调味。装盘后滴柠檬汁。

1人份
2.9 g
19 kcal

1人份
3.1 g
48 kcal

1人份
1.5g
30 kcal

1人份
1.3g
25 kcal

炒芝麻和香菇味道鲜美

# 韩式凉拌香菇

材料（1人份）
香菇…3个
A 炒白芝麻…
1/4大勺
酱油、香油…
各1/4小勺
蒜末…少许
盐…少许

做法
1 香菇去蒂，切成5mm厚的片，焯水后放在滤网上沥干水分。
2 将材料A放在碗里混合，趁热加香菇拌匀。

清淡的豆芽用榨菜调味

# 榨菜拌豆芽

材料（1人份）
豆芽…1/2小袋
榨菜…15g
炒白芝麻…1/2小勺
酱油…少许

做法
1 豆芽去根，焯1分钟左右，放在滤网上沥干，散热后拧干。榨菜切丁。
2 放入碗中，加炒白芝麻、酱油拌匀。

在魔芋上划出划痕

# 生姜魔芋

材料（1人份）
魔芋…45g
A 姜末…1/3小勺
清酒、酱油…
各1小勺
味醂…1/2小勺
白砂糖…1/4小勺
色拉油…少许
小葱段…少许

做法
1 魔芋切薄片，表面划出格子状浅痕。
2 平底锅中倒入色拉油，加热后放魔芋，变成焦黄色后加材料A拌匀。装盘后撒小葱段。

用蒜和番茄酱调味

# 番茄酱拌魔芋丝香肠

材料（1人份）
魔芋丝…30g
香肠…1/2根
蒜末…少许
番茄酱…1小勺
橄榄油…少许

做法
1 魔芋丝切成方便食用的长度。香肠纵向切丝。
2 平底锅中倒入橄榄油、放蒜末炒出香味后放入步骤1的材料翻炒，用番茄酱调味。

1人份
3.1g
42 kcal

1人份
1.9g
60 kcal

# 三明治便当

用黑面包做减糖三明治，
减糖瘦身时也能享用面包。
还用到了蔬菜，营养均衡、色彩鲜艳。

1人份
3.5 g
36 kcal

1人份
7.7 g
360 kcal

合计
11.2 g
396 kcal

厚培根片很有嚼劲

## 培根嫩菜叶三明治

材料（1人份）
黑面包（圆形）…2个
厚培根片…40g
紫花苜蓿…1/2包
卡门贝尔芝士…20g
黄油…适量
蛋黄酱…2小勺

做法
1 黑面包切两半，烤后涂黄油。
2 培根切成5mm厚的片，双面煎制。芝士切成两半。
3 将培根、芝士、紫花苜蓿、蛋黄酱依次夹在面包里，用保鲜膜包好，切成两半。可插上牙签。

合计
9.2 g
469 kcal

开放式三明治，制作简单

## 黑面包开放式三明治

材料（1人份）
黑面包（圆形）…2个
生菜叶…2片
橙子…1/6个
【牛油果酱】
牛油果…1/2小个
柠檬汁…1/2小勺
盐、胡椒…各少许
橄榄油…1小勺
【鳕鱼酱】
鳕鱼…1/4个
奶油芝士（放至室温）…40g

做法
1 黑面包切薄片，用面包机烘烤。
2 制作牛油果酱。压碎牛油果，与其他食材混合。
3 制作鳕鱼酱。鳕鱼去掉薄皮后捏散，与奶油芝士混合。
4 将牛油果酱、鳕鱼酱分别装在容器中，和面包、生菜叶一起装进便当里，搭配橙子。食用时将生菜、酱料放在面包上。

加入小茴香，味道爽口

## 三文鱼香草黄瓜三明治

材料（1人份）
黑面包（方形）…1个
炙烤三文鱼…4片
黄瓜…1/2根
小茴香…适量
奶油芝士（放至室温）…20g
盐…1撮

做法
1 黑面包切成4等份。两片一组，内侧单面涂奶油芝士。
2 黄瓜切片，撒盐搅拌，静置5分钟后拧干，与撕碎的小茴香混合。
3 用黑面包夹炙烤三文鱼和步骤2的材料。

用草莓代替果酱

## 草莓碎酸奶

材料（1人份）
原味酸奶…50g
草莓…1颗

做法
将酸奶倒入容器中，撒碾碎的草莓。根据个人口味放薄荷叶。

色彩鲜艳，可做成时尚便当

## 腌紫甘蓝

材料（1人份）
紫甘蓝…2片
金枪鱼罐头…1大勺
A| 橄榄油…1/2大勺
  | 醋…1小勺
  | 盐、胡椒…各少许
盐…少许

做法
1 紫甘蓝切丝，放入碗中，撒盐混合，静置5分钟后拧干。金枪鱼罐头倒掉汤汁。
2 将材料A放入碗中混合，加步骤1的材料拌匀。

1人份
2.2 g
112 kcal

合计
7.5 g
543 kcal

1人份
5.3 g
431 kcal

# 面食、米饭便当

减糖瘦身时也会想吃面食和米饭，推荐用魔芋面和油豆腐丸子做出类似面食和米饭的便当，含糖量低，可以放心食用。

1人份
4.3 g
338 kcal

让油豆腐充分吸收牛肉的鲜味

## 油豆腐肉卷饭团

材料（1人份）
油豆腐丸子…4小个
牛肉片…4片　绿紫苏…4片
盐、黑胡椒碎…各少许
A｜番茄酱、酱油、水…各1小勺
　｜味醂…1/2小勺
香油…1小勺　炒白芝麻…适量

做法
1 用一片绿紫苏和一片牛肉卷起一个油豆腐丸子，撒盐、黑胡椒碎。
2 平底锅中倒入香油加热，牛肉卷接口处朝下，煎至焦黄色后翻面，淋搅拌均匀的材料A。装盘后撒炒白芝麻。

用黏稠的金枪鱼配芥末

## 芥末金枪鱼拌羊栖菜白萝卜叶

材料（1人份）
羊栖菜芽（干燥）…1大勺
白萝卜叶…30g
金枪鱼罐头…1小罐（70g）
A｜盐…少许　芥末…1/3小勺

做法
1 羊栖菜芽用足量清水泡开，白萝卜叶切碎。
2 在热水中加入少许盐（材料外），将步骤1的材料焯水。放在滤网上沥水，冷却，加入倒掉汤汁的金枪鱼和材料A拌匀。

坚果和虾仁的口感很美妙

## 异国风味泰式炒河粉

材料（1人份）
魔芋面（乌冬）…1袋
虾仁…50g　　　鸡肉馅…80g
豆芽…1/2袋　　韭菜…1/3把
蒜末…1/2瓣的量　香菜…1/2棵
A｜红辣椒丁…1/3根
　｜鱼露…1大勺
　｜盐、黑胡椒碎…各少许
色拉油…1/2大勺
坚果碎…5g

做法
1 魔芋面洗净，充分沥干水分。虾仁去虾线，韭菜切成5cm长的段，香菜切成2cm长的段。
2 平底锅中倒入色拉油，放蒜末炒出香味后加虾仁、鸡肉馅翻炒。肉变色后加豆芽炒软，加魔芋面炒到水分蒸发。加韭菜、材料A迅速翻炒。
3 关火，加香菜拌匀，装盘后撒坚果碎。

大量蔬菜和肉馅的口感极佳

## 炸酱面

材料（1人份）
魔芋面（低糖面）…1袋
青菜…1棵
豆芽…1/4袋
猪肉馅…100g
蒜末…1/2瓣的量
榨菜末…1大勺
豆瓣酱…1/3小勺
A｜味噌…1/2大勺
　｜酱油…1小勺
　｜白砂糖…1/2小勺
　｜淀粉…1/2小勺
　｜盐、胡椒…各少许
黑胡椒碎…少许
香油…1小勺

做法
1 魔芋面洗净，充分沥干水分。青菜切成3段，菜帮切薄片。将材料A混合均匀。
2 在足量热水中加入少许香油（材料外），魔芋面焯水后放在滤网上沥水，冷却。将青菜、豆芽分别焯水，沥干后冷却。
3 平底锅中倒入香油，放豆瓣酱、蒜末炒出香味，加猪肉馅翻炒变色后加入榨菜末和材料A翻炒。
4 魔芋面放入便当，放入步骤3的材料，撒黑胡椒碎。在另一便当中放青菜和豆芽。

1人份
1.8 g
213 kcal

1人份
3.0 g
504 kcal

合计
4.8 g
717 kcal

1人份
7.2 g
361 kcal

味道温和的热汤很暖心

# 鸡汤乌冬面

**1人份**
**2.3 g**
**138 kcal**

材料（1人份）
魔芋面（扁面）…1袋
鸡胸肉片…50g
小松菜（切段）…2棵
炒白芝麻…1小勺
日式高汤汤料…1/2小勺
水…3/4杯
酱油、清酒…各1小勺

做法
1 在焖烧杯里倒入热水，盖上盖子预热2分钟以上。
2 将所有材料放入锅中，煮开后捞出浮沫，煮一两分钟后放进焖烧杯，盖紧盖子。

## 魔芋面中可搭配的食材和口味

### 油豆腐、蘑菇、西蓝花+日式高汤

材料（1人份）
魔芋面1袋、油豆腐（热水冲洗后切成适口大小）30g、蘑菇30g、西蓝花3块、日式高汤底料1/2小勺、水3/4杯、酱油2小勺、味醂2小勺

**1人份**
**8.0 g**
**212 kcal**

做法
同鸡汤乌冬面。

### 猪肉、牛蒡、黄麻叶+中式咸味高汤

材料（1人份）
魔芋面…1袋、猪腿肉片（切丝）40g、黄麻叶1/5棵、牛蒡（切丝）4根、鸡架汤料1/2小勺、水3/4杯、盐1/4小勺、胡椒少许

**1人份**
**4.2 g**
**133 kcal**

做法
同鸡汤乌冬面。

### 蟹肉棒、茄子、秋葵+中式高汤

材料（1人份）
魔芋面1袋、蟹肉棒（切成2段）2根、茄子（切成半圆形薄片）1/4个、秋葵（斜刀切薄片）2根、鸡架汤料1/2小勺、水3/4杯、盐1/4小勺、胡椒少许

**1人份**
**4.7 g**
**69 kcal**

做法
同鸡汤乌冬面。

### 牛肉、洋葱、芦笋+西式高汤

材料（1人份）
魔芋面1袋、牛腿肉片（切成适口大小）40g、洋葱（切薄片）1/4个、芦笋（切成3cm长的段）2根、颗粒浓汤宝1/2小勺、水3/4杯、盐1/4小勺、胡椒少许

**1人份**
**4.2 g**
**133 kcal**

做法
同鸡汤乌冬面。

# 便当配菜食材表

减糖便当以肉和鱼为主，
总会显得有些单调。
可以加入低糖且色彩鲜艳的食材，
或添加水煮蔬菜。

**0.1g** 1片
**1 kcal**

## 黄瓜

味道清爽，适合作小菜，有嚼劲。不同的切法能带来不同的口感。

**0g** 1片
**19 kcal**

## 生火腿

生火腿看似不适合减肥，其实很多生火腿不含糖，可以放心食用。咸味重，能提高满足感。

**0.6g** 1片
**4 kcal**

## 生菜

万能的生菜既可以单独使用，也可以用来包裹食材。不用刀，只用手就能撕开，能为便当增添色彩。

**0.3g** 1片
**39 kcal**

## 烤火腿

切法和用法多样，可以用来卷蔬菜，也可以切好后直接食用。

**0g** 1片
**16 kcal**

## 炙烤三文鱼

柔和的颜色能让便当显得更加丰盛。醇厚的味道能带来满足感，推荐减重期间食用。

**0.2g** 1/6块
**61 kcal**

## 芝士

虽然每种芝士含糖量不同，但是整体来说属于低糖食材。能够提高满足感，建议储存多种芝士，方便使用。

**0.2g** 1个
**76 kcal**

## 水煮蛋、水煮鹌鹑蛋

蛋类富含优质蛋白质。放在便当里时不能做成半熟的，彻底煮熟更卫生。

**0.1g** 1个
**2 kcal**

## 水萝卜

红色的圆形水萝卜能为便当增加一丝可爱的气息。口感清脆，适合减重时食用。

**0.7g** 1个
**3 kcal**

## 梅干

蜂蜜腌渍的梅干含糖量高，所以购买时需要检查成分表，选择盐腌梅干。

**0g** 1个
**7 kcal**

## 黑橄榄

黑橄榄比绿橄榄糖分更低，减重期间建议使用黑橄榄，味道醇厚，能提高满足感。

各10g
菠菜…0g
蟹味菇…0.2g
秋葵…0.3g
芦笋…0.3g
西蓝花…0g

## 水煮蔬菜

只需水煮，可以在烹饪其他料理时抽空制作，可以解决缺乏蔬菜的问题。

**0.2g** 1个
**4 kcal**

## 毛豆

清新的绿色能增加色彩，可以填满便当里的空隙。购买冷冻毛豆，保存更方便。

# Part 7

## 喝酒也没问题
## 减糖下酒菜

减糖瘦身能够坚持下来的原因之一就在于可以放心饮酒，
那些不得不饿肚子的减肥方式无论如何都很难坚持。
减糖瘦身时可以选择饮用不含糖的酒类。
本章将介绍多种超低糖又美味的简单下酒菜。

# 几乎不含糖的
# 减糖下酒菜

减糖瘦身期间也想喝酒，
一喝酒就容易吃多，准备好低糖下酒菜就不用担心了，
用低糖下酒菜和低糖酒来卸下一天的疲惫吧。

1串
**0.2 g**
111 kcal

1串
**0.1 g**
63 kcal

1串
**0.1 g**
103 kcal

选择低糖烧酒，达到减糖目的

简单的咸味下酒菜
## 青辣椒肉串

材料（4串）
鸡腿肉…1小片（200g）
青辣椒…2根
盐…1/3小勺

做法
1 竹扦浸水。将鸡腿肉切成
适口大小，穿在竹扦上，撒
盐，用铝箔纸包裹。
2 用预热好的烤鱼架（双面
烤），烤8分钟左右。拆掉铝箔
纸，撒切成圈的青辣椒。

## 蛋黄酱鸡肉串

材料（4串）
鸡肉馅…200g
A 烧酒…1小勺
　盐…1/4小勺
B 蛋黄酱…1/2大勺
　酱油…1/2小勺
炒白芝麻、海苔丝…各适量

做法
1 竹扦浸水。将鸡肉馅和材
料A放入碗中，搅拌至有黏
性。分成4等份，搓成长条，
穿在竹扦上。用铝箔纸包裹。
2 用预热好的烤鱼架（双面
烤）烤6分钟左右。拆掉铝箔
纸，撒炒白芝麻、海苔丝。

梅肉和绿紫苏味道爽口
## 梅子紫苏鸡柳串

材料（4串）
鸡柳…4条（200g）
梅肉…1小勺
绿紫苏…3片
盐…1/4小勺
色拉油…1小勺

做法
1 竹扦浸水。将鸡柳穿在竹扦
上，撒盐，淋色拉油，用铝箔纸
包裹。
2 用预热好的烤鱼架（双面烤）
烤8分钟左右。拆掉铝箔纸，将
绿紫苏切丝后撒在肉串上。

1人份
0.5 g
159 kcal

适合搭配红酒，丰盛的料理

# 塔莉亚塔牛排

材料（2人份）

牛腿肉
（牛排用）…100g
帕尔玛芝士…15g
盐…1撮
黑胡椒碎…少许
橄榄油…1小勺
意大利香芹末…适量

做法

1 将牛腿肉提前20分钟放至室温，撒盐、黑胡椒碎。帕尔玛芝士切薄片。
2 平底锅中倒入橄榄油，中火加热，将牛腿肉煎1分30秒左右，变成焦黄色后翻面，继续煎1分30秒。取出后用铝箔纸包好，静置5分钟后切薄片，装盘。撒帕尔玛芝士、意大利香芹末。

制作重点

用余温加热瘦肉，肉质更软。牛肉低糖、低热量，并且富含铁，适合在减重期间食用。煎制太久肉会变硬，所以在表面变成焦黄色后要用铝箔纸包好，用余温加热。

黄瓜切薄片，造型可爱

# 黄瓜鱿鱼串

咸味橄榄和芝士、三文鱼很配

# 芝士三文鱼串

材料（4串）

水煮章鱼（腿）…1/3根
（40g）

黄瓜…1/3根

盐、橄榄油…各适量

做法

鱿鱼切成4等份，分别穿
在竹扦上。黄瓜削4片，
每片折叠后穿在鱿鱼上。
装盘，撒盐、淋橄榄油。

材料（4串）

炙烤三文鱼…4片（40g）

马苏里拉芝士
（适口大小）…4块

黑橄榄…4个

盐、橄榄油…各适量

做法

将炙烤三文鱼分别卷起，
将马苏里拉芝士、三文
鱼、黑橄榄依次穿在竹扦
上，装盘，撒盐、淋橄
榄油。

1串
**0.1g**
60 kcal

1串
**0.2g**
30 kcal

1串
**0.2g**
47 kcal

使用填馅橄榄做出时尚料理

# 生火腿鹌鹑蛋串

材料（4串）

生火腿…4片（60g）

鹌鹑蛋（水煮）…4个

填馅橄榄…4个

盐、橄榄油…各适量

做法

生火腿横向切成两半，两片
一组卷起。将鹌鹑蛋、生火
腿、填馅橄榄依次穿在竹扦
上，撒盐、淋橄榄油。

减糖重点

可以自由组合自己喜欢的低
糖食材

可以自由选择符合个人口味
的海鲜、肉、蔬菜等低糖食
材做成串串，食材种类多，
分量少，容易获得满足感。

使用大量味道较重的香菜和小茴香，
具有异国风味，适合搭配啤酒

# 小茴香香菜拌水煮鱿鱼

材料（2人份）

干鱿鱼⋯1条
（净重200g）
香菜⋯15g
小茴香⋯10g
A│色拉油⋯1大勺
　│鱼露⋯2小勺
　│红辣椒丁⋯1/2根的量

做法

1 鱿鱼洗净黏液，去皮，切成1cm宽的圈，鱿鱼足切断。香菜、小茴香切碎。
2 在热水中加少许盐（材料外），煮至鱿鱼变色。沥干水分后加材料A、香菜、小茴香拌匀。

1人份
**0.7 g**
145 kcal

1人份
（不含柠檬）
**0.3 g**
125 kcal

用酱油提味，可以搭配各种酒

# 黄油拌鳀鱼鱿鱼

材料（2人份）

水煮鱿鱼（腿）⋯1根
（120g）
黄油⋯15g
A│鳀鱼末⋯3~4块（10g）
　│酱油⋯1/2小勺
　│盐⋯1撮
　│胡椒⋯少许

做法

1 将水煮鱿鱼切成适口大小。
2 平底锅中加入黄油，中火翻炒鱿鱼，加材料A，根据个人口味搭配柠檬。

**减糖重点**

鱿鱼口感劲道，适合减重时食用
鱿鱼低糖、低脂、高蛋白，而且有嚼劲，容易获得满足感，是适合减肥的食材，适合用来下酒。

腌制后烤至外焦里嫩，味道可口

# 柠檬腌鸡肉

材料（2人份）
鸡腿肉…1片（250g）
柠檬…2片
百里香…2～3根
A┃盐…1/2小勺
┃胡椒…少许
┃橄榄油…1小勺
橄榄油…1小勺

做法
1 鸡腿肉去掉多余油脂和筋，加材料A、柠檬、百里香混合，在室温下腌制15分钟。
2 平底锅中倒入橄榄油，鸡皮朝下，中火煎三四分钟后翻面，加入柠檬和百里香，再煎3分钟左右。

### 减糖重点

醇厚的味道能提高满足感
用柠檬、香草、橄榄油、盐、胡椒腌制鸡腿肉，味道醇厚，能提高满足感。尽管柠檬含糖量高，不过只用来调味，完全没问题。

1人份
**0.8 g**
298 kcal

使用富含胶原蛋白的鸡翅，
有美容功效的下酒菜

# 罗勒芝士炸鸡翅

材料（2人份）
鸡翅…6根
盐…1/2小勺
A┃芝士粉…1大勺
┃干罗勒…1/2大勺
┃盐、黑胡椒碎…
┃各少许
色拉油…适量

做法
1 鸡翅沿骨头划开，鸡皮上再划两刀，撒盐后在室温下静置15分钟左右，用厨房纸巾擦干水分。
2 平底锅中倒入2cm深的色拉油，加热到170℃，放入鸡翅炸7分钟。沥油后趁热撒材料A。

### 减糖重点

不裹面衣达到减糖效果
炸鸡翅时不用面粉，能实现低糖。鸡翅富含胶原蛋白，有美肤功效，撒上芝士粉和罗勒后味道更加鲜香。

1人份
**0.5 g**
283 kcal

调味简单，只需要咖喱粉和盐

# 咖喱鸡蛋

材料（2人份）
煮鸡蛋…2个
A｜热水…1/2杯
｜盐、咖喱粉…
｜各1小勺

做法
1 将材料A混合后冷却，放入保鲜袋中。
2 放入去壳的煮鸡蛋，挤出空气后封口，冷藏、腌制一晚。

## 减糖重点

咖喱味料理比常见的酱油味含糖量更低
用来调味的咖喱粉所含的糖分可以忽略不计，比常见的酱油味鸡蛋糖分更低。低糖又富含营养，不会吃腻。

1人份
0.3 g
78 kcal

可以用来下酒的煎蛋饼，
也适合作为早餐

# 沙丁鱼黄油煎蛋饼

材料（2人份）
鸡蛋…3个
沙丁鱼干…30g
盐、胡椒…各少许
黄油…15g
小茴香…适量

做法
1 鸡蛋在碗中打散后加沙丁鱼干、盐、胡椒拌匀。
2 在小平底锅中加入黄油，中火加热，倒入步骤1的材料，搅拌至半熟后推到锅边，调整成橄榄球形。装盘，撒小茴香。

## 减糖重点

营养丰富的鸡蛋和沙丁鱼，用黄油增加浓稠度
鸡蛋营养丰富，沙丁鱼富含钙质，用大量黄油调味，每种食材糖分都不高，在减肥时能放心食用。撒小茴香后能增加风味，进一步提高满足感。

1人份
0.3 g
187 kcal

**1人份**

**0.2 g**

95 kcal

窍门在于长时间翻炒，让水分充分挥发

# 鳕鱼子黄油炒魔芋丝

材料（2人份）
魔芋丝（预处理
过）…150g
鳕鱼子…1/2大个
（50g）
盐…少许
色拉油…1小勺
黄油…10g

做法
1 魔芋丝切成3cm左右的
段，鳕鱼子去皮后散开。
2 平底锅中倒入色拉油，中
火将魔芋丝翻炒2分钟，水
分蒸发后加入鳕鱼子、黄
油，继续翻炒至鳕鱼子变
色，用盐调味。

### 减糖重点

低糖魔芋丝能有效缓解便秘
魔芋丝低糖、低热量，而且富含膳食纤
维，具有缓解便秘的作用，推荐在减肥
期间摄入。

不使用含糖量高的韩式辣酱，更加健康

# 辣味金枪鱼

材料（2人份）
金枪鱼（瘦肉、
切片）…150g
蛋黄…1个
A 酱油、香油…
各1小勺
盐…1撮
胡椒…少许
炒白芝麻…适量

做法
1 将材料A在碗中混合，加
入金枪鱼拌匀。
2 装盘，放蛋黄，撒炒白
芝麻。

**1人份**

**0.5 g**

162 kcal

### 减糖重点

富含铁的金枪鱼能预防贫血
减肥时容易出现缺铁的情况，导致贫
血。金枪鱼瘦肉低糖、高蛋白，富含铁
元素，应积极摄入。

香味十足，味道醇厚的可口下酒菜

# 榨菜蛋黄酱烤油豆腐

材料（2人份）
油豆腐…1块（250g）
榨菜…50g
蛋黄酱…1½大勺
盐、一味唐辛子…
各少许
小葱段…适量

做法
1 油豆腐横向切成两片，再切成4等份。榨菜切碎。
2 在油豆腐切口处撒盐，抹榨菜和蛋黄酱。在预热好的烤鱼架上烤7分钟左右。撒小葱段和一味唐辛子。

**减糖重点**

油豆腐能带来满足感，适合作下酒菜豆腐高温煎炸后口感更好，味道更醇厚，而且有嚼劲。低糖、高蛋白，适合在减糖瘦身时使用。

1人份
**0.9 g**
258 kcal

用油豆腐代替比萨面坯，口感酥脆

# 培根口蘑油豆腐比萨

材料（2人份）
油豆腐…2片
口蘑…40g
培根…30g
比萨芝士…30g
黑胡椒碎…少许

做法
1 口蘑切薄片，培根切成1cm宽的条。
2 在托盘上铺铝箔纸，放油豆腐、口蘑、培根、比萨芝士，烤五六分钟至变成焦黄色，撒黑胡椒碎。

1人份
**0.3 g**
244 kcal

**减糖重点**

不用面粉做的比萨面坯
油豆腐以黄豆为原料，属于低糖食材，用它来代替比萨面坯能大幅减糖。口感酥脆，炸过后能带来满足感。

# 步骤简单的
# 快手小菜

在忙碌或疲惫时，想要迅速把饭做好。
这时，既能控制糖分又能快速完成的小菜就能派上用场。

## 凉拌

用意大利香芹调出清爽的味道

### 腌炙烤三文鱼

**材料（2人份）**
炙烤三文鱼…60g
洋葱…1/4个
意大利香芹…3根
A | 橄榄油…2大勺
柠檬汁…2小勺
盐…1/4小勺
胡椒…少许

**做法**
混合材料A，洋葱顺着纤维切成薄片，撕碎意大利香芹，将材料全部拌匀，入味。

*1人份 2.3g 170 kcal*

鱿鱼、鳕鱼子和绿紫苏的组合

### 鳕鱼子拌鱿鱼

**材料（2人份）**
鱿鱼丝…120g
鳕鱼子…1/4个（20g）
A | 香油…1小勺
盐…少许
绿紫苏丝…1片

鳕鱼子去皮，和鱿鱼丝、材料A一起放入碗中拌匀。装盘，撒绿紫苏丝。

*1人份 0.1g 84 kcal*

*1人份 2.4g 79 kcal*

白萝卜末和酸橙酱油味道爽口

### 拌青菜蘑菇

**材料（2人份）**
小松菜…100g
蟹味菇…100g
白萝卜末…40g
A | 酸橙酱油…1大勺
盐…少许

**做法**
小松菜切成3cm长的段，蟹味菇分成小朵，放入耐热盘中，盖上耐热保鲜膜，用微波炉加热3分钟。倒掉多余水分后加沥干水分的白萝卜末和材料A拌匀。

*1人份 2.2g 24 kcal*

拍黄瓜充分入味

### 豆瓣酱拌黄瓜

**材料（2人份）**
黄瓜…2根
A | 香油…1大勺
酱油…1小勺
豆瓣酱…1/2小勺
盐、胡椒…各少许
炒白芝麻…适量

**做法**
在碗中混合材料A，用擀面杖拍打黄瓜，切成方便食用的大小后放入碗中拌匀。装盘，撒炒白芝麻。

清爽的柠檬味

# 夏威夷三文鱼冷盘

材料（2人份）

三文鱼…150g
红洋葱…1/4个
番茄…1小个
A 橄榄油…2大勺
　柠檬汁…1小勺
　盐…1/4小勺
　蒜末…少许
　胡椒…少许

做法

在碗中混合材料A，加入切成2cm见方的三文鱼、切碎的红洋葱和切成1cm见方的番茄拌匀。

焯过的水菜口感清脆

# 沙丁鱼柠檬酱油拌水菜

材料（2人份）

水菜…200g
沙丁鱼干…2大勺
A 橄榄油…1大勺
　酱油…1/2小勺
　盐…少许
柠檬（切角）…适量

做法

水菜用盐水焯一下，过冷水后拧干，切成2cm长的段。在碗中混合材料A，加入水菜、沙丁鱼干拌匀。装盘，配柠檬。

1人份
2.2 g
87 kcal

1人份
2.7 g
302 kcal

1人份
3.3 g
135 kcal

1人份
1.1 g
230 kcal

蛋黄酱的味道和爽口的绿紫苏很配

# 日式黄豆芝士拌绿紫苏

材料（2人份）

水煮黄豆罐头…100g
芝士…40g
绿紫苏…8片
A 蛋黄酱…1大勺
　香油、盐…各少许

做法

在碗中混合材料A，加入黄豆、切成1cm见方的芝士和撕碎的绿紫苏拌匀。

用酸奶拌匀，爽口的小菜

# 希腊风味沙拉鸡肉拌黄瓜

材料（2人份）

沙拉鸡肉…1片
（100g）
黄瓜…1根
盐…1/4小勺
A 原味酸奶…5大勺
　橄榄油…1大勺
　盐、胡椒…各少许

做法

黄瓜去皮，切成1cm厚的小块，加盐揉搓。在碗中混合材料A，加入切成1.5cm见方的沙拉鸡肉和黄瓜拌匀。

# 摆盘

弹性十足的马苏里拉芝士能带来满足感

## 马苏里拉豆腐

材料（2人份）
马苏里拉芝士…100g
小葱段、干松鱼、酱油…各适量

做法
将马苏里拉芝士切成薄片装盘，撒小葱段、干松鱼、淋酱油。

1人份
0.8 g
66 kcal

牛油果和芝士交替摆放

## 芝士牛油果沙拉

材料（2人份）
牛油果…1/3个
芝士片…2/3片
柠檬汁…少许
黑胡椒碎…少许

做法
牛油果去核、去皮，切成约7mm厚的扇形，滴柠檬汁。将牛油果和切开的芝士片交替摆放在盘子里，撒黑胡椒碎。

1人份
2.7 g
145 kcal

将搅碎的蛋黄放在魔芋上享用

## 烩魔芋

材料（2人份）
魔芋…1片
小葱段…2根的量
蛋黄…2个
A 蒜末、胡椒…各少许
　 盐、白砂糖…各1/4小勺
　 香油…1小勺
炒白芝麻…少许

1人份
0.8 g
68 kcal

做法
在碗中混合材料A，将切成丝的魔芋放入平底锅中翻炒。装盘，放上蛋黄、小葱段，撒炒白芝麻。

适合搭配日本酒和烧酒的极品下酒菜

## 凉拌竹荚鱼

材料（2人份）
竹荚鱼（生鱼片）…2条
（净重150g）
蒜末…1/4瓣的量
葱花…30g
A 味噌、酱油…各1小勺
　 香油…1/2小勺
　 盐…少许
绿紫苏…2片

做法
竹荚鱼切碎，和葱花、蒜末、材料A一起拌匀。装盘，搭配绿紫苏。

1人份
1.9 g
118 kcal

# 煎烤

大口吃下富含膳食纤维的生菜

## 煎生菜

材料（2人份）

生菜…1/3个（净重100g）
A 黄油…10g
　酱油…1小勺
色拉油…1/2大勺
芝士粉…1大勺

做法

平底锅中倒入色拉油，用中高火加热，切口朝下放入切成两半的生菜，煎至焦黄后翻面，再煎片刻后装盘。在同一平底锅中加入材料A煮沸，淋在生菜上，撒芝士粉。

1人份
**1.2 g**
88 kcal

只需倒入蛋液就能轻松完成

## 高菜煎蛋饼

材料（2人份）

鸡蛋…4个
高菜泡菜碎…30g
葱花…50g
盐、胡椒…各少许
香油…1大勺

做法

鸡蛋打散，加入高菜泡菜碎、葱花、盐、胡椒拌匀，平底锅中倒入香油，中火加热，倒入蛋液后搅拌，煎至半熟后按压、摊平，翻面后继续煎。切成方便食用的大小，装盘。

1人份
**2.1 g**
248 kcal

1人份
**1.8 g**
72 kcal

蒜和辣椒味道突出

## 辣味蒜香西葫芦

材料（2人份）

西葫芦…1根
蒜末…1/2瓣
A 红辣椒丁…1/2根的量
　盐、胡椒…各少许
橄榄油…1大勺

做法

平底锅中倒入橄榄油，中火加热，放入切成1cm厚的西葫芦圆片，双面煎至焦黄。加蒜末翻炒出香味后加材料A翻炒。

1人份
**0.5 g**
23 kcal

芝士让鲜味倍增，享用肥厚的香菇

## 芝士烤香菇

材料（2~3人份）

香菇…6个
比萨芝士…30g
酱油…1小勺
绿海苔…适量

做法

香菇去蒂，内侧涂酱油，放上比萨芝士，用吐司烤箱烤7分钟左右。装盘，撒绿海苔。

# 炒

## 夏威夷蒜香虾

蒜香令人上瘾，适合配啤酒

**材料（2人份）**
虾…8只（200g）
蒜末…2瓣的量
意大利香芹末…1大勺
A| 黄油…20g
 | 盐…1/4小勺
 | 黑胡椒碎…少许
橄榄油…1/2大勺

**做法**
虾剪开背部，去虾线。平底锅中倒入橄榄油，中火将蒜末翻炒出香味后将虾炒至变色，加材料A、意大利香芹末迅速翻炒。

1人份
**1.2 g**
207 kcal

## 罗勒柠檬香肠

汁水四溢的香肠味道爽口

**材料（2人份）**
香肠…100g
柠檬（扇形）…1/6个的量
A| 干罗勒…1小勺
 | 盐、胡椒…各少许
橄榄油…1/2大勺

**做法**
平底锅中倒入橄榄油，中火加热，香肠斜刀切片后翻炒。加柠檬、材料A迅速翻炒。

1人份
**2.6 g**
195 kcal

## 葱油炒青菜

散发着蚝油的鲜香

**材料（2人份）**
青菜…2棵
大葱…4cm
蒜片…1/2瓣的量
A| 蚝油、酱油…
 | 各1小勺
 | 盐、胡椒…各少许
香油…1大勺

**做法**
平底锅中倒入香油加热，将斜刀切成薄片的大葱和蒜片炒出香味，加入切成3cm长的青菜秆，炒软后加入菜叶，最后加材料A拌匀。

## 盐煎白萝卜培根

简单的咸味中点缀着黑胡椒的味道

**材料（2人份）**
白萝卜…100g
培根…2片
盐、黑胡椒碎…各少许
橄榄油…少许

**做法**
平底锅中倒入橄榄油，中火加热，放入切成约6mm宽的白萝卜条略煎。加入切成5mm宽的培根条翻炒，用盐、黑胡椒碎调味。

1人份
**1.4 g**
88 kcal

1人份
**2.2 g**
72 kcal

# 炸

只用盐调味，
突出鲜美的肉香

## 炸鸡翅

1人份
**1.4 g**
279 kcal

**材料（2人份）**
鸡翅…6根
清酒…1/2大勺
盐…1/4小勺
色拉油、圆白菜…各适量

**做法**
在鸡翅上划出3条划痕，
放清酒和盐后用手揉搓入
味，用140～150℃的油炸
至整体变成焦黄色。沥干
油分后配切块的圆白菜。

---

连皮炸，芳香扑鼻，
低糖又健康

## 炸虾

**材料（2人份）**
对虾…6只
盐、色拉油…各适量

**做法**
虾洗净后擦干水分，用180℃的
油炸一两分钟。虾壳炸脆后沥干
油分，趁热撒盐。根据个人口味
淋柠檬汁。

1人份
**0.5 g**
59 kcal

---

淀粉面衣口感酥脆

## 炸西葫芦

**材料（2人份）**
西葫芦…1/2根
淀粉、色拉油…
各适量
抹茶盐（抹茶和盐等
量混合）…适量

**做法**
西葫芦切成8cm长的段，然后切
成4～6块，涂薄薄一层淀粉。用
170℃的油炸脆，沥干油分。装
盘，配抹茶盐。

1人份
**2.6 g**
61 kcal

---

柔软的茄子充分入味

## 炸茄子

**材料（2～3人份）**
茄子…6个
A｜高汤…1杯
　｜酱油…3大勺
　｜味酥…2大勺
　｜盐…1/2小勺
　｜红辣椒…1根
醋…3大勺
色拉油…适量

**做法**
将材料A在锅中混合，
煮沸后散热，加醋做成
蘸汁。茄子去蒂，在
皮上每隔1cm纵向划出
浅痕。用170℃的油炸
三四分钟，沥干油分，
浸在蘸汁中装盘，根据
个人口味放绿紫苏丝。

1人份
**7.7 g**
184 kcal

# 油浸料理

人们通常认为，减肥时必须控制蒜香食品和油浸食品的摄入量。其实油的含糖量很低，减糖期间也能食用，而且能提高满足感，请一定要尝试。

口感劲道的鱿鱼做成的小菜

## 蒜香鱿鱼口蘑

**材料（2人份）**
水煮鱿鱼…150g
口蘑…6个
蒜…1/2瓣
红辣椒（去籽）…1根
盐…2/3小勺
橄榄油…1/2杯

**做法**
平底锅中倒入橄榄油，放蒜、红辣椒后小火加热至沸腾，加入切成适口大小的鱿鱼和口蘑，撒盐，煮两三分钟。可搭配切片黑面包。

**减糖重点**
组合低糖食材做出的减重小菜
用糖分超低的鱿鱼和不含糖的口蘑做成的蒜香料理。橄榄油也不含糖，非常推荐在减糖时食用。鱿鱼很有嚼劲。

1人份
**0.5 g**
289 kcal

只需要将芝士浸在油里，一道丰盛的料理

## 油浸橄榄芝士

**材料（易做的量）**
帕尔玛芝士…50g
奶油芝士…80g
黑橄榄…10个
百里香…3根
月桂叶…1片
橄榄油…适量

**做法**
在储存罐里放入切成1.5cm见方的芝士、黑橄榄、百里香和月桂叶，倒入橄榄油没过食材。

1/4份
**0.8 g**
194 kcal

**减糖重点**
两种芝士能带来满足感
大量使用低糖芝士的油浸料理。使用两种芝士能带来口感和味道的变化，提升满足感。

1人份
1.1 g
262 kcal

享受脆脆的口感

# 蒜香油浸沙肝

材料（2人份）
沙肝…200g
（净重100g）
蒜…2瓣
红辣椒…1根
橄榄油…1杯
盐、胡椒、意大利
香芹…各适量

做法
沙肝切成两半，去掉白色部分，然后切成适口大小，加1/2小勺盐揉搓。蒜切块，放入小平底锅中，加红辣椒、橄榄油、1小勺盐、胡椒煮10分钟后关火，撒撕碎的意大利香芹。

加入橄榄，适合下酒

# 蒜香油浸口蘑

材料（2人份）
口蘑…6个
黑橄榄（无籽）…6个
蒜…2瓣
红辣椒…1根
橄榄油…1杯
盐…少许
胡椒…适量

做法
口蘑去蒂，切成两半，蒜切块，放入小平底锅中，加红辣椒、橄榄油、1小勺盐、胡椒煮五六分钟后关火。

1人份
1.3 g
230 kcal

用虾仁做更方便

# 蒜香油浸虾仁

材料（2人份）
虾仁…12只（150g左右）
蒜…2瓣
红辣椒…1根
橄榄油…1杯
盐…少许
胡椒、欧芹末…各适量

做法
虾仁撒少许盐（材料外）后用流水冲洗，擦干。蒜切块，放入小平底锅中，加红辣椒、橄榄油、1小勺盐、胡椒煮七八分钟后关火，撒欧芹末。

1人份
1.2 g
278 kcal

# 微波炉快手菜

1人份
1.3 g
134 kcal

蒜味很浓，喜欢香菜的人会爱不释口

## 香菜豆芽

材料（2人份）

豆芽…200g

香菜…30g

A 蒜末…1/5瓣的量
香油…1大勺
炒白芝麻…1/2大勺
酱油…1小勺
盐…2撮

做法

豆芽铺在耐热盘中，盖上耐热保鲜膜，用微波炉加热2分30秒左右。静置1分钟后放在滤网上沥干水分，加切成小段的香菜和材料A拌匀。

---

培根的鲜味和青椒的苦味很搭

## 美味培根青椒

1人份
1.6 g
98 kcal

材料（2人份）

青椒…5个
（净重100g）

培根…15g

A 香油…1大勺
酱油…1/2小勺
盐…少许

做法

在耐热盘中放入切成5mm宽的青椒和切成5mm宽的培根，淋材料A。盖上耐热保鲜膜，用微波炉加热2分30秒左右，拌匀。

---

1人份
3.4 g
46 kcal

加入豆瓣酱的酱料让茄子更美味

## 微波炉茄子配中式酱料

材料（2人份）

茄子…2个

水菜…50g

A 酱油…2小勺
香油、醋、
葱花…各1小勺
豆瓣酱…1/8小勺
蒜末…少许

做法

茄子去蒂，分别用耐热保鲜膜包好，用微波炉加热3分钟，冷却后切成圆片。和切成3cm长的水菜一起装盘，淋混合均匀的材料A。

# 吐司烤箱和烤鱼架小菜

牛油果和蛋黄酱、金枪鱼的组合，
味道醇厚，口感出众

## 烤牛油果蛋黄酱金枪鱼

材料（2人份）
牛油果…1个
金枪鱼罐头…1罐
（70g）
A 蛋黄酱…1大勺
盐、胡椒…各少许
黑胡椒碎、蛋黄酱…
各适量

做法
牛油果纵向切成两半，去核。金枪鱼倒掉汤汁，与材料A混合后倒在牛油果上，淋蛋黄酱。用吐司烤箱烤七八分钟，撒黑胡椒碎。

1人份
1.3 g
318 kcal

---

不需要饼坯，依然能做出比萨风味

## 香肠比萨

1人份
3.8 g
179 kcal

材料（2人份）
香肠…4根
胡萝卜…40g
比萨芝士…20g
番茄酱、欧芹末…
各少许

做法
香肠切成约7mm厚的片，胡萝卜切丝，放入铝箔杯中。放比萨芝士，用吐司烤箱烤5分钟，淋番茄酱，撒欧芹末。

---

辣椒油提味，
坚果黄油不油腻

## 异国风味鸡肉串

1人份
3.9 g
172 kcal

材料（2人份）
鸡胸肉…1/2片（120g）
A 水…2大勺
坚果黄油…1大勺
番茄酱…2小勺
白砂糖…2/3小勺
酱油、辣椒油、盐、
胡椒…各少许

做法
鸡胸肉去掉多余油脂，切成适口大小，淋混合均匀的材料A，静置10分钟左右。穿在用水泡过的竹扦上，露出的竹扦包铝箔纸。用烤鱼架（双面烤）烤六七分钟。

### 减糖重点

不含白砂糖的坚果黄油
坚果黄油可以增加黏稠度，提高满足感。要选择不含白砂糖的坚果黄油。

# 不同食材做成的小菜

芝士

浓稠的奶油芝士和泡菜很配

## 奶油芝士泡菜

**材料（2人份）**
奶油芝士
（切块）…80g
白菜泡菜…40g
香油…适量
辣椒丝（选用）…适量

**做法**
1 奶油芝士装盘，放上泡菜。
2 淋香油，撒辣椒丝。

1人份
2.0 g
167 kcal

口感酥脆，好吃到停不下来

## 辣椒咖喱脆芝士

**材料（2人份）**
比萨芝士…40g
咖喱粉…少许
黑胡椒碎…少许

**做法**
1 将烘焙纸裁成30cm × 20cm大小。比萨芝士切成8等份，间隔放在烘焙纸上，撒咖喱粉、黑胡椒碎。
2 用微波炉加热2分30秒左右，冷却。如加热不均，换不同方向分别再加热10秒。

用微波炉加热的新式小菜

## 烤海苔芝士

**材料（2人份）**
加工芝士…2块
（20g）
烤海苔…1/2片

**做法**
1 加工芝士分别切成4等份，烤海苔切成8等份。将烘焙纸裁成30cm × 20cm大小，摆上烤海苔，放芝士。
2 用微波炉加热2分30秒左右，冷却。如果加热不均，换不同方向分别再加热10秒。

1人份
0.3 g
53 kcal

1人份
0.4 g
91 kcal

用没有腥味的卡门贝尔芝士做成日式口味

## 日式紫苏卡门贝尔芝士

**材料（2人份）**
卡门贝尔芝士…50g
绿紫苏…2片
A 香油…1/2小勺
酱油…1/2小勺
盐…少许
炒白芝麻…适量

**做法**
1 将卡门贝尔芝士切成4等份，绿紫苏纵向切成两半。
2 装盘，淋混合均匀的材料A，撒炒白芝麻。

沙拉鸡肉

1人份
1.5 g
92 kcal

搭配混合生菜做成的沙拉

# 芝士烤沙拉鸡肉

材料（2人份）
沙拉鸡肉…1片（100g）
比萨芝士…20g
混合生菜…75g
黑胡椒碎…适量

做法
1 将沙拉鸡肉切成1cm厚的片。在烤盘上铺铝箔纸，放上鸡肉和比萨芝士，烤五六分钟至鸡肉变成焦黄色。
2 混合生菜装盘，放鸡肉，撒黑胡椒碎。

1人份
1.1 g
78 kcal

既不用刀也不用火的简单小菜

# 辣椒油拌鸡肉干笋

材料（2人份）
沙拉鸡肉…1片
（100g）
调味干笋…30g
辣椒油…2小勺

做法
1 沙拉鸡肉用手撕开。
2 与干笋、辣椒油一起放入碗中拌匀。

分量十足，适合作主菜

# 鳕鱼子鸡肉沙拉烤菜

材料（1人份）
沙拉鸡肉…1片
（120g）
芥末鳕鱼子…1/2个
（40g）
蟹味菇…100g
洋葱…1/4个
比萨芝士…60g
面包粉、罗勒…各适量
A 蛋黄酱…3大勺
　化黄油…1大勺
　酱油…1小勺

做法
1 将沙拉鸡肉切成1cm厚的片，再切成1cm宽的条。鳕鱼子去皮后打散。蟹味菇分成小朵，洋葱切成5mm厚的片。
2 将材料A和步骤1的材料放入碗中拌匀，铺在耐热盘上，撒芝士和面包粉。用吐司烤箱250℃烤8～10分钟，烤至食材出现焦痕。配罗勒，根据个人口味淋少许橄榄油。

1人份
6.2 g
394 kcal

1人份
2.1 g
104 kcal

用柠檬汁和柠檬皮调出爽口的味道

# 柠檬凉拌圆白菜鸡肉沙拉

材料（2人份）
沙拉鸡肉…1/2片
（50g）
圆白菜丝…70g
A 蛋黄酱…1大勺
　橄榄油…1/2大勺
　柠檬汁…1/2大勺
　盐、胡椒…各少许
柠檬皮丝…适量

做法
1 沙拉鸡肉用手撕成小块。
2 将材料A放入碗中混合，加圆白菜丝和鸡肉拌匀。装盘，撒柠檬皮丝。

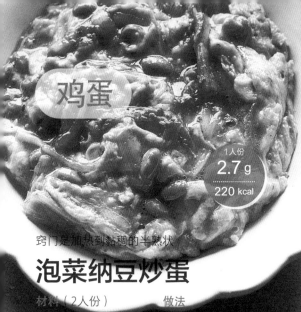

1人份
2.7 g
220 kcal

1人份
0.5 g
161 kcal

窍门是加热到黏稠的半熟状

# 泡菜纳豆炒蛋

材料（2人份）

鸡蛋…3个
白菜泡菜…40g
纳豆…40g
A│酱油…1小勺
　│盐、胡椒…各少许
色拉油…1大勺

做法

1 将纳豆与材料A混合。
2 鸡蛋在碗中打散，加步骤1的材料和白菜泡菜混合均匀。
3 平底锅中倒入色拉油，中高火加热，倒入步骤2的材料，搅拌至半熟。

装在蛋清里很可爱

# 鞑靼酱三文鱼鸡蛋

材料（2人份）

煮鸡蛋…2个
三文鱼片…50g
A│蛋黄酱…1大勺
　│盐、胡椒…各少许

做法

1 将三文鱼片和材料A混合。
2 煮鸡蛋纵向切成两半，将蛋黄取出后与步骤1的材料混合，装回蛋清中。

一口一勺，摆盘时尚

# 蛋黄酱拌金枪鱼

材料（2人份）

煮鸡蛋…3个
金枪鱼罐头…1罐（70g）
A│蛋黄酱…2大勺
　│柠檬汁…1/2小勺
　│盐、胡椒…各少许
欧芹末、甜椒末
（选用）…各适量

做法

1 煮鸡蛋用手掰成大块。金枪鱼罐头倒掉汤汁。
2 将材料A在碗中混合，加入步骤1的材料拌匀。装在勺子里，撒欧芹末和甜椒末。

1人份
1.1 g
293 kcal

1人份
0.6 g
110 kcal

将温泉蛋蛋黄浇在其他食材上一起享用

# 培根温泉蛋沙拉

材料（4人份）

温泉蛋…1个
培根…60g
混合生菜…75g
A│橄榄油…1大勺
　│柠檬汁…1/2大勺
　│盐…1/4小勺
　│胡椒…少许

做法

1 培根切成5mm宽的条，散放在平底锅中，中火迅速翻炒。
2 将混合生菜、培根、温泉蛋装盘，淋混合均匀的材料A。

松软的口感令人难忘

# 高汤煎蛋卷

材料（1条）
鸡蛋…5个
A 高汤…1/4杯
味醂…1大勺
酱油…1小勺
盐…1/4小勺
色拉油…适量

做法
1 将材料A在锅里混合，煮沸后关火，冷却后打入鸡蛋拌匀，过滤。
2 加热煎蛋器，用厚纸巾蘸色拉油，涂在煎蛋器中，倒入1/3蛋液，用筷子尖轻轻搅拌，煎至表面干燥，卷起。
3 再涂一层色拉油，将剩余蛋液分3次倒入，每次都要倒入煎好的鸡蛋下，卷好后装盘。

1/5份
**1.8 g**
93 kcal

味道醇厚的小菜

# 酱油腌蛋黄

材料（2人份）
蛋黄…2个
A 酱油…2小勺
味醂…1/3小勺

做法
1 将蛋黄分别放入较小的容器中，注意不要散开。可以只将蛋黄放入容器，也可以将鸡蛋整个打在容器中，再倒出蛋清。
2 将材料A混合后倒入每个容器中，在冷藏室中静置一晚。蛋黄表面凝固后完成。

1人份
**1.1 g**
84 kcal

黏稠的半熟蛋黄味道绝妙

# 高汤酱油蛋

材料（6~10个）
鸡蛋…6~10个
醋…少许
A 水或高汤…1½杯
酱油…2大勺
味醂…1大勺
盐…2/3大勺

做法
1 鸡蛋放入锅中，加水没过食材，加醋后开火。轻轻翻转鸡蛋，煮沸后小火煮7分钟，立刻过冷水，冷却后剥壳。
2 将材料A放入锅中煮沸，冷却后装进保存容器中，用鸡蛋蘸着吃。

1个
**0.7 g**
79 kcal

享受鳕鱼子的口感，超低糖小菜

# 鳕鱼子炒蛋

材料（2人份）
鸡蛋…2个
鳕鱼子（去皮、散开）…2小勺
胡椒…少许
香油…少许

做法
1 鸡蛋打散，加胡椒搅拌。
2 平底锅中倒入香油，倒入蛋液，中火炒熟，加鳕鱼子拌匀。

1人份
**0.2 g**
101 kcal

# 豆腐

1人份
2.1 g
147 kcal

用香油和盐调味，百搭小菜

## 胡椒盐凉拌豆腐

材料（2人份）
木棉豆腐…1块
姜…1/2块
小葱…2根
香油…2小勺
盐…1/3小勺
黑胡椒碎…少许

做法
1 木棉豆腐沥干水分，切成两半后装盘。
2 姜磨碎，小葱切段。
3 将姜和小葱放在豆腐上，淋香油，撒盐、黑胡椒碎。

撒芝士粉，味道与众不同的小菜

## 芝士葱花拌豆腐

材料（2人份）
木棉豆腐…1小块
（200g）
芝士粉…3大勺
香葱葱花…30g
A 橄榄油…1大勺
　酱油…2小勺

做法
1 木棉豆腐切成两半后装盘。
2 撒葱花、芝士粉，淋混合均匀的材料A。

1人份
2.4 g
179 kcal

火腿的鲜味和豆腐很配

## 豆腐生火腿卡布里沙拉

材料（2人份）
嫩豆腐…1小块
（200g）
生火腿…6片
罗勒（选用）…适量
橄榄油…适量
盐…少许

做法
1 豆腐切成1cm厚的片，与生火腿交替装盘。
2 放罗勒，淋橄榄油、撒盐。

1人份
1.8 g
149 kcal

1人份
3.3 g
193 kcal

搭配黏黏的温泉蛋

## 温泉蛋鸭儿芹凉拌豆腐

材料（2人份）
木棉豆腐…1块
温泉蛋…2个
鸭儿芹叶…适量
芥末…少许
酱油…适量

做法
1 豆腐沥干水分，切成两半后装盘。
2 放上鸭儿芹叶、芥末和温泉蛋，淋酱油。

清淡的豆腐和辛辣的泡菜是绝配

# 烤海苔泡菜凉拌豆腐

材料（2人份）

嫩豆腐…1块
白菜泡菜…50g
烤海苔…1/8片
香油…1小勺

做法

1 豆腐沥干水分后切成两半，装盘。

2 白菜泡菜切小块，烤海苔撕碎，一起放在豆腐上，淋香油。

热气腾腾的酱汁令人上瘾

# 蒜香酱油黄油拌豆腐

材料（2人份）

嫩豆腐…1块
蒜…2瓣
A 黄油…5g
　 酱油…1大勺
色拉油…1小勺
欧芹末…少许

做法

1 豆腐沥干水分后切成两半，装盘。

2 蒜切成两半，轻轻压扁，和色拉油一起放入平底锅中，中小火炒至变色。

3 加材料A，黄油化开后趁热淋在豆腐上，撒欧芹末。

**1人份**
**4.6 g**
**135 kcal**

**1人份**
**7.2 g**
**113 kcal**

只用鱼露就能调出异域风味

# 干松鱼蒜香鱼露凉拌豆腐

材料（2人份）

嫩豆腐…1块
洋葱丝…1/2个的量
盐…少许
干松鱼…2.5g
A 柠檬汁…1大勺
　 鱼露…1/2大勺
柠檬片…适量

做法

1 豆腐沥干水分后切成两半，装盘。

2 洋葱丝撒盐，静置10分钟左右，变软后揉搓，迅速冲洗干净，沥干水分。

3 放入干松鱼拌匀，放在豆腐上。淋混合均匀的材料A。装饰柠檬片。

味道醇厚的蛋黄酱金枪鱼和豆腐很搭

# 蛋黄酱金枪鱼凉拌豆腐

材料（2人份）

嫩豆腐…1块
金枪鱼罐头…
1小罐（80g）
蛋黄酱…3~4勺
黑胡椒碎…少许

做法

1 豆腐沥干水分后切成两半，装盘。

2 金枪鱼倒掉汤汁后放在豆腐上，挤上蛋黄酱，撒黑胡椒碎。

**1人份**
**3.5 g**
**318 kcal**

**1人份**
**3.9 g**
**115 kcal**

# 鱼罐头

味噌蛋黄酱味道醇厚，满足感强的小菜

## 味噌蛋黄酱烤圆白菜青花鱼

材料（2人份）
水煮青花鱼罐头…1罐
（200g）
圆白菜丝…70g
A 蛋黄酱…3大勺
味噌…1小勺
一味唐辛子…少许

做法
1 青花鱼罐头倒掉汤汁，肉散开。
2 将圆白菜丝、青花鱼放入耐热容器中，淋混合均匀的材料A。用吐司烤箱烤五六分钟，烤至蛋黄酱变成焦黄色，撒一味唐辛子。

1人份
2.8 g
331 kcal

1人份
1.9 g
55 kcal

将鲜美的三文鱼做成爽口的味道

## 柠檬白萝卜末拌三文鱼

材料（易做的量，4人份）
三文鱼罐头…1小罐（90g）
柠檬片…3～4片
白萝卜…5cm
酱油…适量

做法
1 三文鱼罐头倒掉汤汁后散开。将每片柠檬切成4等份。白萝卜磨碎，沥干水分。
2 将步骤1的材料拌匀后装盘，淋酱油。

适合搭配日本酒和烧酒的日式小菜

## 味噌烤金枪鱼

材料
（易做的量，4人份）
金枪鱼罐头…1小罐
烤海苔…1片
味噌…80g
小葱…1把

做法
1 金枪鱼罐头倒掉汤汁。将6根小葱切碎，剩余小葱切成5cm长的小段，烤海苔切成两半。
2 金枪鱼加入切碎的小葱和味噌后拌匀，用黄油刀均匀地涂在海苔上，用吐司烤箱烤四五分钟。
3 切成适口大小，和剩余的小葱一起装盘。

1人份
4.1 g
93 kcal

七味唐辛子的味道突出，余味悠长

## 七味唐辛子烤沙丁鱼

材料
（易做的量，4人份）
油腌沙丁鱼罐头…1罐
盐、七味唐辛子…各少许
炒白芝麻…2小勺
小葱段…1/2根的量
柠檬…适量

做法
1 沙丁鱼罐头沥干油分，放在铺好铝箔纸的烤盘上，撒盐、七味唐辛子和炒白芝麻，烤10分钟至变色。
2 装盘，撒小葱段，配柠檬。

1人份
0.5 g
110 kcal

# 火腿、油豆腐

1人份
**0.3 g**
126 kcal

不用刀就能做，制作简单

## 沙丁鱼蛋黄酱烤油豆腐

材料（2人份）

油豆腐…1片
沙丁鱼干…20g
蛋黄酱…15g
海苔丝…适量

做法

烤盘上铺铝箔纸，放油豆腐，撒沙丁鱼干，挤上蛋黄酱，烤5分钟至蛋黄酱变成焦黄色。装盘，撒海苔丝。

---

蒜和蛋黄酱味道很配，蔬菜分量十足

## 生火腿蔬菜卷

材料（4个）

生火腿…30g
黄瓜…20g
芹菜…20g
红甜椒…10g
生菜叶…1小片
A│蛋黄酱…2小勺
　│蒜末…少许

做法

1 黄瓜、芹菜、红甜椒切丝，生菜叶撕成4等份。
2 生火腿切成4等份，卷起蔬菜后装盘，搭配混合均匀的材料A。

1人份
**0.6 g**
36 kcal

---

绿紫苏让油豆腐醇厚的味道变得爽口

## 芝士烤脆油豆腐

材料（2人份）

油豆腐…1/2片
芝士粉…2大勺
绿紫苏丝…2片

做法

1 油豆腐切口后展开，撒芝士粉，用吐司烤箱烤至焦黄。
2 切成方便食用的大小，装盘，撒绿紫苏丝，根据个人口味淋酱油。

1人份
**0.1 g**
60 kcal

1人份
**1.1 g**
54 kcal

加入火腿，分量十足的小菜

## 葱花火腿白萝卜末

材料（2人份）

火腿片…50g
香葱末…15g
白萝卜末…25g
酸橙酱油…1/4大勺

做法

1 白萝卜末放在滤网上沥干水分。
2 将火腿片、香葱末、白萝卜末和酸橙酱油放入碗中拌匀。

**0.3 g**
79 kcal

用温泉蛋拌匀，提升满足感

# 酸海蕴拌红藻末温泉蛋

材料（2人份）　　做法
酸海蕴…140g　　1 将酸海蕴装盘。
温泉蛋…2个　　2 放上温泉蛋，撒红藻末。
红藻末…少许

**1.5 g**
46 kcal

用冷冻毛豆轻松完成，爽口小菜

# 酸海蕴生姜凉拌毛豆

材料（2人份）　　做法
酸海蕴…140g　　1 冷冻毛豆解冻后剥出
冷冻毛豆…100g　　豆子，和酸海蕴拌匀。
姜末…适量　　2 装盘，撒姜末。

两种黏糊糊的食材，能有效预防便秘

# 裙带菜拌梅肉纳豆

材料（2人份）　　做法
调味裙带菜…100g　　1 将纳豆和酱料混合，
纳豆…40g　　加入裙带菜拌匀。
纳豆配套酱料…1袋　　2 装盘，撒梅肉。
梅肉…1小勺

**1.7 g**
49 kcal

**3.6 g**
217 kcal

蒜和辣椒的辣味让人停不下筷子

# 亚洲风味黑胡椒炒毛豆

材料（2人份）
冷冻毛豆…200g　　1 冷冻毛豆解冻。
A 蒜末…1/4小勺　　2 平底锅中倒入香油，
　红辣椒丁…1根　　中火将毛豆翻炒3分钟左
　盐…1撮　　右，翻一两次面。加材
　黑胡椒碎…少许　　料A翻炒。
香油…1大勺

1人份
**1.7 g**
91 kcal

炒芝麻和香油让味道更佳

# 泡菜豆腐

材料（2人份）
木棉豆腐…1/2块（150g）
白菜泡菜…30g
炒白芝麻…少许
香油…1/2大勺

做法
1 白菜泡菜轻轻挤出汁水，切成1cm见方的块。
2 豆腐沥干水分，用勺子挖成适口大小，装盘，撒炒白芝麻，淋香油。

发酵食品和海藻都能美容

# 海蕴泡菜

材料（2人份）
海蕴…50g
白菜泡菜…50g
香油…1/2小勺

做法
1 泡菜切成1cm宽的条。
2 加海蕴、香油拌匀。

1人份
**1.3 g**
22 kcal

1人份
**2.8 g**
47 kcal

切成丁的泡菜口感清脆

# 纳豆拌多彩腌菜

材料（2人份）
腌雪菜、腌萝卜、米糠腌芜菁…各20g
纳豆…1小包
酱油…少许
炒白芝麻…少许

做法
1 将所有腌菜切成5~7mm见方的丁。
2 在纳豆中加入少许酱油混合，加腌菜拌匀。装盘，撒炒白芝麻。

# 减糖鸡尾酒

在减糖期间能喝的酒种类有限。
下面这些含糖量低的酒类，在减肥过程
中也可以享用。

用无糖啤酒对等量可乐

## 可乐啤酒

材料（1杯）
无糖啤酒…100mL
无糖可乐…100mL

做法
将无糖啤酒和
无糖可乐倒在
玻璃杯里。

1杯
**0 g**
31 kcal

口感清凉

## 碳酸葡萄酒

材料（1杯）
白葡萄酒…90mL
苏打水…4大杯

做法
将白葡萄酒和
苏打水倒在玻
璃杯里。

1杯
**1.8 g**
66 kcal

使用姜末轻松完成

## 姜末威士忌

材料（1杯）
威士忌…2大勺
苏打水…120mL
冰块…适量
柠檬片…1片
姜末…1/3块的量

做法
放足量冰块
和威士忌在
玻璃杯里搅
拌，倒入苏
打水，加入
柠檬片后搅
拌一圈，放
姜末。

1杯
**0.4 g**
68 kcal

清爽的薄荷令人上瘾

## 减糖莫吉托

材料（1杯）
朗姆酒…2大勺
苏打水…120mL
冰块、百里香、
薄荷叶…各适量

做法
将冰块、朗姆酒、
百里香、薄荷叶放
在玻璃杯里搅拌，
倒入苏打水拌匀。

1杯
**0 g**
67 kcal

无糖，适合搭配米饭

## 茉莉烧酒

材料（1杯）
烧酒…3大勺
茉莉花茶…120mL
冰块…适量

做法
将冰块、烧酒放入玻
璃杯中搅拌，倒入茉
莉花茶后拌匀。

1杯
**0 g**
66 kcal

推荐给喜欢香菜的人

## 香菜酸橙烧酒

材料（1杯）
烧酒…4大勺
苏打水…90mL
冰块、酸橙片、
香菜…各适量

做法
将冰块、烧酒、
酸橙片、香菜放
入玻璃杯中搅
拌，倒入苏打水
拌匀。

1杯
**0.5 g**
90 kcal

# Part 8

# 不用抵抗甜食的诱惑
# 减糖甜品

减糖期间甜品就是天敌？或许有很多人会这样想，其实
只要注意减糖即可。本章将为大家介绍含糖量极低又美
味、梦幻的甜品食谱，富含奶油、味道甜蜜，看上去美
味又诱人。

给努力减重的自己一些奖励吧!

# 减糖甜品的材料和制作窍门

松软可口的甜品含有大量面粉、白砂糖、巧克力等材料。
要想减糖，必须将以白砂糖为首的材料换成低糖食材。

## 用什么代替白砂糖？

### 使用不影响血糖值的天然甜味成分"赤藓糖醇"做成的天然甜味剂

做减糖甜点时，推荐用"罗汉果糖"代替白砂糖。市面上的罗汉果糖是用高纯度罗汉果提取物和玉米等食物发酵而成的自然甜味成分"赤藓糖醇"制成，是天然甜味剂。赤藓糖醇属于糖类，不过摄取后不会在体内代谢，因此不影响血糖值。本书在计算含糖量时，将罗汉果糖作为无糖食品计算。罗汉果糖是减重期间制作甜点时的"救世主"。

## 用什么代替面粉？

### 使用含糖量低的粉类代替面粉

制作海绵蛋糕和曲奇时用到的低筋面粉，每100g含有73.3g糖。制作减糖甜点时，要使用含糖量低的粉类代替低筋面粉。可用100g含11.6g糖的黄豆粉、100g含10.2g糖的麦麸粉或100g含9.3g糖的杏仁粉。比起完全替换低筋面粉，推荐大家减少低筋面粉的用量，与含糖量低的粉类混合使用，就能轻松做出减糖甜品，而且美味不变。

### 罗汉果糖（颗粒）

和白砂糖甜度一样，方便计量的颗粒类型。味道醇厚，适合用来做曲奇等烤点心，也可以用在料理中。

### 白罗汉果糖

提高罗汉果糖的纯度，去除杂味后的类型。颜色和甜味都和白砂糖相同，味道爽口。适合做海绵蛋糕和鲜奶油。

### 黄豆粉

黄豆磨成的粉末。可以与面粉混合使用，或完全代替，轻松完成减糖目的。

### 杏仁粉

含糖量低的杏仁磨成的粉末，用来烤点心，味道香醇。

### 麦麸粉

小麦表皮磨成的粉，富含维生素和矿物质。不使用小麦淀粉，所以含糖量低。

# 用黄油、鲜奶油、鸡蛋等低糖食材做出令人满足的甜品

减糖甜品的口感和味道比不上普通甜品，因此制作时选择风味更佳的食材组合非常重要。比如混合味道醇香的麦麸粉、抹茶粉、可可粉等做成坯子。口感酥脆的椰子粉、几乎不含糖的芝士、黄油、油都是低糖食材，可以放心用在甜品中。巧妙使用此类低糖食材亲手制作甜品，是减重成功的秘诀。

## 黄油

虽然人们总觉得热量高会胖，其实黄油的含糖量很低，可以用来制作满足感强的香醇甜品。

## 鲜奶油

鲜奶油和黄油一样，经常被认为减重期间不能食用，其实它是制作减糖甜品时不可或缺的低糖乳制品。

## 鸡蛋

代表性减糖食材，富含蛋白质。是制作常见甜点时不可或缺的存在。

## 米糠油

米糠中提取出的油。富含维生素E和膳食纤维等有益健康的成分，几乎不含糖。

## 芝士

人们总觉得芝士热量高，其实芝士是低糖、高蛋白食材，可以用在咸点心等多种甜品中。

## 明胶粉

以胶原蛋白为原料的无糖食材。可以让软糖、果冻等甜品有弹性，更有嚼劲。

## 黄豆粉

炒过的黄豆磨成的粉。虽然在豆制品中属于含糖量较高的食材，不过单次用量较少，无须担心。

## 椰子粉

将含糖量低的椰子磨成颗粒，经常加在曲奇、甜甜圈中。口感独特、酥脆。

## 可可粉、抹茶粉

可可粉用来制作巧克力味的点心，要选择没有添加白砂糖等添加剂、100%的纯可可粉。抹茶粉完全保留了茶叶中的营养。

1/10份

**5.5 g**

135 kcal

### 减糖重点

充分打发蛋清，用少
许粉类也能做出松软
的口感

加入黄豆粉降低含糖
量的戚风蛋糕。用少
许粉末也能烤出松软
的口感，关键在于充
分打发蛋清。

口感松软，散发着红茶香味，
大量使用泡沫奶油做成的蛋糕

# 红茶戚风蛋糕

**材料**（直径17cm的模具，1个）
蛋黄…3个
白砂糖…20g
米糠油…40g
A｜高筋面粉…40g
　｜黄豆粉…20g
B｜蛋清…3个（125g）
　｜罗汉果糖（颗粒）…50g
红茶叶（伯爵红茶、小叶）…4g
热水…20g
豆奶…30g
【泡沫奶油】
鲜奶油…80g
白罗汉果糖…8g
※ 也可以使用罗汉果糖颗粒。

**预处理**
·用热水冲泡红茶，泡开后（图a）
加豆奶。
·烤箱170℃预热。

**做法**
1 将蛋黄、白砂糖放入碗中，用打蛋器搅拌（图b）。
2 蛋液发白后加入红茶叶继续搅拌（图c）。
3 加入米糠油混合。
4 加入过筛的粉末A（图d）。
5 在另一碗中加入材料B，充分打发至能拉起尖为止（图e）。
6 分两次将步骤5的材料加入步骤4的材料中，每次加完后都搅拌均匀（图f）。
7 倒入模具中，表面抹平（图g），用170℃预热的烤箱烤35分钟。
8 烤好后倒扣在烤网上冷却。
9 充分冷却后用小刀将蛋糕坯从模具里取出。
10 在鲜奶油中加入白罗汉果糖，打到六分发，倒在蛋糕坯上。点缀可食用花卉（选用）。

1/8份
**1.8 g**
199 kcal

奶油芝士和鲜奶油做成的甜品，
味道醇厚、层次丰富

# 芝士蛋糕

材料（直径15cm的圆形模具，1个）
奶油芝士…200g
鲜奶油…150g
白罗汉果糖…80g
香草豆…5cm
鸡蛋…2个
黄豆粉…20g
柠檬汁…1大勺（15g）

### 减糖重点

低糖食材也能做出醇厚的味道
奶油芝士和鲜奶油尽管是高热
量、高脂肪食材，不过含糖量
低，可以放心使用。其他材料
含糖量同样很低，因此可以尽
情享受这醇厚的味道。

预处理

· 奶油芝士、鲜奶油、鸡蛋放
至室温。
· 在模具上涂薄薄一层黄油
（材料外），铺烘焙纸，底部用
铝箔纸包住。
· 烤箱160℃预热。

做法

1 将奶油芝士放入碗中，搅拌
至奶油状（图a）。
2 将香草豆与白罗汉果糖混合
（图b），加入奶油芝士拌匀。
3 分4次添加鲜奶油，每次添加
后搅拌均匀。
4 逐个加入鸡蛋，每次添加后
搅拌均匀。
5 一边撒黄豆粉一边搅拌。
6 加柠檬汁后搅拌。
7 倒入模具（图c），用160℃预
热的烤箱烤40分钟。

奶油中加入酸奶，味道清爽

# 提拉米苏

材料（20cm×9cm×4cm的模具，1个）

| 【饼坯】 | 【咖啡果子露】 |
|---|---|
| 蛋黄…2个 | 速溶咖啡…6g |
| 蛋清…2个 | 罗汉果糖 |
| 白砂糖…10g | （颗粒）…40g |
| 罗汉果糖 | 热水…100g |
| （颗粒）…30g | 【奶油】 |
| A│ 高筋面粉…15g | 马斯卡彭芝士… |
| │ 杏仁粉…15g | 100g |
| 细砂糖…10g | 白罗汉果糖…40g |
| | 原味酸奶…120g |
| | 鲜奶油…120g |
| | 【装饰】 |
| | 可可粉…8g |

预处理
· 烤箱180℃预热。

做法
1 烤饼坯。将蛋清、白砂糖、罗汉果糖放入碗中充分搅拌。
2 加入蛋黄搅拌，加入过筛的材料A，用橡胶刮刀搅拌。
3 烤盘上铺烘焙纸（或铝箔纸），倒入饼坯材料铺平，过滤细砂糖，撒在饼坯上，烤箱180℃烤15分钟（图a）。取出后冷却。
4 做咖啡果子露。将果子露的食材混合（图b），充分搅拌，冷却。
5 做奶油。搅拌马斯卡彭芝士，加白罗汉果糖搅拌至顺滑后加酸奶。
6 鲜奶油打至八分发，加入步骤5的材料搅拌。
7 将饼坯切成和模具相同的尺寸，切成两片，铺入一片。倒入一半果子露（图c），抹一半奶油（图d），抹平。
8 放上另一片饼坯，倒入剩下的果子露，抹平剩余奶油。
9 在冷藏室冷却2小时，可可粉过筛后撒在表面。

1/10份
3.5 g
113 kcal

**减糖重点**

在马斯卡彭芝士里加酸奶减少含糖量较高的马斯卡彭芝士的用量，加入酸奶。既能在减糖后保留顺滑的口感，还能让味道更加清爽。

1个
## 1.3 g
25 kcal

用黄豆粉和麦麸粉做出的酥脆曲奇

# 曲奇

材料（直径4cm的花形模具，30个；圆形模具，5个）

黄油（无盐）…60g
罗汉果糖（颗粒）…30g
盐…少许
A│黄豆粉…30g
 │麦麸粉…20g
 │低筋面粉…50g
蛋液…1/3个（20g）

预处理
· 黄油、鸡蛋放至室温。
· 烤箱160℃预热。

做法
1 在碗中放入黄油、罗汉果糖和盐，用打蛋器打成奶油状。
2 将材料A过筛后放入步骤1的材料中，用橡胶刮刀搅拌至黏稠，加蛋液继续搅拌（图a），拌成一团。
3 在保鲜膜上将面团抹平成3mm厚（图b），放在托盘中，在冷藏室冷却1小时。
4 用模具压成形，摆在铺好烘焙纸（或铝箔纸）的烤盘上，用叉子插小孔（图c）。剩余饼干坯再次抹平，分成5等份，揉成圆形，用叉子压出印（图d）。
5 用烤箱160℃烤15～18分钟。

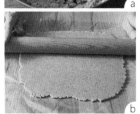

a
b
c
d

### 减糖重点

用黄豆粉和麦麸粉做出全麦曲奇的感觉

富含维生素、矿物质等，芳香扑鼻，和全麦曲奇味道一样。保留酥脆的口感，减糖又美味。

减糖依然味道醇厚,
香味层次丰富

# 巧克力蛋糕

材料(直径15cm的圆形模具,1个)
巧克力(微甜)…60g
黄油(无盐)…40g
蛋黄…2个
白砂糖…10g
豆奶…40g
A| 黄豆粉…20g
 | 可可粉…20g
B| 蛋清…2个
 | 罗汉果糖(颗粒)…40g
鲜奶油…50g

预处理
· 在模具上铺烘焙纸。
· 烤箱170℃预热。
· 如选择水浴巧克力,水要烧开。

做法
1 将巧克力和黄油放在耐热碗中,盖上耐热保鲜膜,用微波炉300W加热两三分钟化开(或用60℃的热水水浴,充分化开)(图a)。
2 加入蛋黄和白砂糖搅拌,加豆奶搅拌。
3 放入过筛后的材料A,搅拌(图b)。
4 在另一碗中加入材料B,搅拌到能拉出尖角。
5 在步骤3的材料中加入一半步骤4的材料,轻轻搅拌(图c),加入剩余材料后用橡胶刮刀搅拌均匀。
6 倒入模具中,表面抹平(图d),烤箱170℃烤30分钟。
7 冷却。将鲜奶油打至七分发,抹在蛋糕上。

**减糖重点**

用豆奶和黄豆粉代替牛奶和面粉
不使用牛奶和面粉,用含糖量低的豆奶和黄豆粉代替,达到减糖目的。和巧克力是绝配。

1/8份
**5.4 g**
155 kcal

1/8份
**5.5** g
116 kcal

浓稠的鲜奶油与酸奶的味道搭配绝妙

# 冻酸奶

材料（800mL的容器，1个）
原味酸奶…300g
鲜奶油…150g
蜂蜜…30g
白罗汉果糖…50g
※ 也可以使用罗汉果糖（颗粒）。
柠檬汁…1小勺

做法
1 将酸奶、蜂蜜、白罗汉果糖、柠檬汁放入碗中，用打蛋器充分搅拌。
2 将打至六分发的鲜奶油倒入容器中。
3 在冷冻室冷却两三个小时。在冷却1小时30分左右时取出搅拌一次，让整体均匀凝固。

### 减糖重点

用蜂蜜和罗汉果糖增加甜味
鲜奶油和足量酸奶中加入蜂蜜和罗汉果糖增加甜味，醇厚的味道与蜂蜜的甜味很配。

### 制作重点

做好后尽快食用
长时间冷冻后酸奶会变硬，要尽快吃完。冷冻后，酸奶在室温下放置会变成奶油状。

不用蒸就能简单做成的布丁
# 顺滑布丁

材料（4个）
蛋黄…2个
白罗汉果糖…40g
牛奶…220g
鲜奶油…100g
明胶粉…4g
水…1大勺

预处理
·将明胶粉撒在水中，泡至膨胀。

做法
1 将白罗汉果糖、蛋黄放入碗中，用打蛋器充分搅拌。
2 加120g牛奶搅拌，倒入锅中，小火加热至黏稠。
3 加入泡开的明胶，充分搅拌化开。
4 将剩余的牛奶和鲜奶油倒入容器中。
5 在冷藏室冷却3小时，凝固。

制作重点
要充分搅拌，小火加热
如果火候太大，布丁会在加热时凝固，所以一定要开小火。加热时不断搅拌，直至食材变黏稠。

1个
3.4 g
187 kcal

1个
2.0 g
40 kcal

减糖重点
以黄豆为原料的黄豆粉可以减糖
黄豆粉是黄豆炒熟后磨成的粉，含糖量低，富含膳食纤维。减少低筋面粉的用量，加入黄豆粉，实现减糖目的。

入口即化，一口大小的曲奇
# 杏仁曲奇

材料（24个）
A 黄豆粉…20g
　 杏仁粉…50g
　 低筋面粉…40g
　 肉桂粉…1g
黄油（无盐）…50g
白罗汉果糖…30g
细砂糖…10g

预处理
·黄油放至室温。
·烤箱160℃预热。

做法
1 将黄油和白罗汉果糖放入碗中，用打蛋器搅拌至奶油状。
2 将材料A过筛后加入碗中，用橡胶刮刀翻拌，揉成面团。
3 将饼干坯分成24等份，揉成圆形，放在托盘上，盖好保鲜膜，在冷藏室冷却1小时左右。
4 烤盘上铺烘焙纸（或铝箔纸），摆好饼干坯后160℃烤20分钟。
5 散热，细砂糖过筛后撒在曲奇上。

1个
**7.0 g**
159 kcal

1个
**1.7 g**
48 kcal

酥脆可口，推荐作为早饭

# 芝士松饼

材料（6个）
黄油（无盐）…45g
豆腐渣…80g
A 黄豆粉…40g
　低筋面粉…40g
　罗汉果糖
　（颗粒）…10g
　发酵粉…1小勺
　盐…1/3小勺
原味酸奶…50g
芝士碎…40g

预处理
• 黄油切成1cm见方的块。
• 烤箱200℃预热。

做法
1 将材料A过筛后倒入碗中，加黄油搅拌，加豆腐渣后用硬卡片（或刮刀）切成肉松状。
2 加酸奶，用橡胶刮刀搅拌到膨松后加芝士碎搅拌均匀。
3 分成6等份，揉成圆形，烤盘上铺烘焙纸（或铝箔纸），摆好饼坯后入烤箱，200℃烤20分钟。

**减糖重点**

低筋面粉和等量黄豆粉混合
低筋面粉和黄豆粉按1：1的比例混合，还可以加入豆腐渣，就能做成含糖量低的松饼，富含膳食纤维，既能美容又能预防便秘。

形状可爱，可以作为礼物

# 芝士曲奇

材料（直径14cm的圆形模具，2个；小圆曲奇，8个）
黄油（无盐）…60g
罗汉果糖（颗粒）…10g
盐1/4小勺
A 黄豆粉…50g
　低筋面粉…40g
　杏仁粉…20g
　芝士粉…30g
蛋液…1/2个的量（30g）

预处理
• 黄油、鸡蛋放至室温。
• 烤箱160℃预热。

做法
1 将黄油、罗汉果糖、盐放在碗里，用打蛋器打成奶油状。
2 将材料A过筛后倒入碗里，用橡胶刮刀搅拌至膨松后加蛋液，揉成面团。
3 分成2等份，分别涂在两张保鲜膜上，涂成3mm厚、直径15cm的圆形。放在托盘上，在冷藏室中冷却1小时。
4 将饼坯放在直径14cm的模具或盘子里，用刀切掉边缘多余部分，切成8块。用瓶盖按出直径1cm左右的小洞。烤盘上铺烘焙纸（或铝箔纸），摆好饼坯。剩余饼坯团成团，分成8等份后揉成圆形，用叉子扎孔，放在烤盘上。
5 烤箱160℃烤18～20分钟。

**制作重点**

用圆盘和瓶盖重现芝士的原貌
造型美观能让人愉快地将瘦身坚持下去。使用直径14cm的圆盘和瓶盖，就能做出可爱的芝士形状。

在圆圆的奶油芝士上撒不同口味的食材

# 奶油芝士球

**材料（20个）**
奶油芝士…160g
不同口味的粉末…
适量

**做法**
1 将奶油芝士分成每份8g，揉成圆形（20个）。
2 各种口味的粉末拌匀，分别撒在奶油芝士上。

**减糖重点**
4种口味的粉末，味道新颖只需要将含糖量低的奶油芝士揉成团，推荐给想制作简单零食的人。撒上种类丰富的低糖粉末，不会吃腻。

1个
**0.2 g**
31 kcal

抹茶

1个
**0.4 g**
30 kcal

可可

1个
**0.3 g**
40 kcal

黑芝麻

1个
**1.5 g**
37 kcal

饼干碎

## 不同口味的粉末

### 可可
做法
5g可可粉与10g白罗汉果糖混合。

### 抹茶
做法
5g抹茶粉与10g白罗汉果糖混合。

### 黑芝麻
做法
5g炒黑芝麻与10g罗汉果糖（颗粒）混合。

### 饼干碎
做法
10g全麦饼干碎与10g罗汉果糖（颗粒）混合。

1个
**2.7 g**
92 kcal

1个
**1.9 g**
117 kcal

使用大量草莓做成的丰盛甜品

# 草莓巴伐露

**材料**
（约70mL的容器，6个）
草莓…净重100g
※ 推荐使用颜色深、味
道甜的品种。
牛奶…100g
鲜奶油…100g
白罗汉果糖…25g
明胶粉…3g
水…15g
【装饰】
草莓…2颗

**预处理**
• 将明胶粉撒在水里
泡开。
• 草莓压碎（可以用
搅拌机搅碎），做
成草莓泥。

**做法**
1 将牛奶、白罗汉果糖
放入锅中，小火加热。
2 锅离火，加入泡开的
明胶，充分搅拌化开。
3 将草莓泥倒入碗中，
加步骤2的材料搅拌，放
在冰水里冷却，搅拌至
浓稠。
4 鲜奶油打至八分发，
加入草莓泥中搅拌。
5 倒入容器中，在冷藏室
冷却3小时左右，凝固。
最后放切开的草莓装饰。

散发出抹茶的清香，口感顺滑的日式甜品

# 抹茶巴伐露

**材料**
（约70mL的容器，6个）
抹茶…6g
热水…50g
白罗汉果糖…30g
牛奶…150g
明胶粉…4g
水…20g
鲜奶油…100g
【装饰】
鲜奶油…30g
抹茶粉…少许

**预处理**
• 将明胶粉撒在水里
泡开。

**做法**
1 抹茶过筛，和白罗汉
果糖一起放入容器中，
倒热水，充分搅拌溶解。
2 趁热加入泡开的明
胶，充分搅拌化开。
3 加牛奶，放在冰水里
冷却，搅拌至浓稠。
4 鲜奶油打至八分发，加
入步骤3的材料中搅拌。
5 倒入容器中，在冷藏室
冷却3小时左右，凝固。
6 放上打至六分发的鲜奶
油，撒过筛后的抹茶粉。

1个
**7.2 g**
36 kcal

1个
**3.6 g**
56 kcal

冰过后味道更好

# 葡萄果冻

材料（约110mL的容器，2个）
葡萄…1串
A｜葡萄汁…130g
　｜白罗汉果糖…15g
　｜水…20g
明胶粉…3g
水…15g

预处理
• 将明胶粉撒在水里泡开。

做法
1 将材料A放入锅中，小火煮沸，加泡开的明胶，用橡胶刮刀充分搅拌化开。
2 散热后倒入容器中，在冷藏室冷却6小时左右，凝固。
3 剥掉葡萄皮，切成小块装饰。

可以随意改良，味道微甜

# 牛奶果冻

材料（约110mL的容器，2个）
牛奶…150g
白罗汉果糖…15g
明胶粉…3g
水…15g

预处理
• 将明胶粉撒在水里泡开。

做法
1 将牛奶和白罗汉果糖放入锅中，小火加热。
2 煮沸后将锅离火，加泡开的明胶，用橡胶刮刀充分搅拌化开。
3 散热后倒入容器中，在冷藏室冷却3小时以上，凝固。

**减糖重点**

材料简单，可以享受牛奶的风味
牛奶虽然含糖量高，不过只用罗汉果糖增加甜味，可以控制整体含糖量。也可以搭配喜欢的水果，不过为了避免糖分过高，只能加少许水果。

# 图书在版编目（CIP）数据

减糖瘦身营养餐 555 款 / 日本主妇之友社编；佟凡译 . —北京：中国轻工业出版社，2022.1

ISBN 978-7-5184-3705-4

Ⅰ . ①减… Ⅱ . ①日… ②佟… Ⅲ . ①减肥—食谱 Ⅳ . ① TS972.12

中国版本图书馆 CIP 数据核字（2021）第 214837 号

责任编辑：胡　佳　　　责任终审：李建华

整体设计：锋尚设计　　责任校对：宋绿叶　　责任监印：张京华

出版发行：中国轻工业出版社（北京东长安街6号，邮编：100740）

印　　刷：北京博海升彩色印刷有限公司

经　　销：各地新华书店

版　　次：2022年1月第1版第1次印刷

开　　本：710×1000　1/16　印张：16

字　　数：300千字

书　　号：ISBN 978-7-5184-3705-4　定价：68.00元

邮购电话：010-65241695

发行电话：010-85119835　传真：85113293

网　　址：http://www.chlip.com.cn

Email：club@chlip.com.cn

如发现图书残缺请与我社邮购联系调换

200821S1X101ZYW